Ich widme dieses Buch allen Menschen, die bereit sind, sich begeistern zu lassen, die sich öffnen für den göttlichen Geist und die niemals versiegende Quelle in sich selbst.

Ursula Dziambor

Boten des neuen Wir

Entscheide dich, dabei zu sein

1. Auflage (2015)

Autor: Ursula Dziambor, www.sternenkind-koeln.de
Bilder und Umschlag: Maria-Luise Seyer
Bild Chakra: fotolia.de
Satz und Layout: www.brigitte-heinz.de
Printed in Germany

Verlag: tao.de in J. Kamphausen Mediengruppe GmbH, Bielefeld,
www.tao.de, eMail: info@tao.de

Bibliografische Information der Deutschen Nationalbibliothek:
Die Deutsche Nationalbibliothek verzeichnet diese Publikation in der Deutschen Nationalbibliografie; detaillierte bibliografische Daten sind im Internet über http://dnb.d-nb.de abrufbar.

ISBN Hardcover: 978-3-95802-561-5
ISBN Paperback: 978-3-95802-560-8
ISBN e-Book: 978-3-95802-562-2

Inhaltsverzeichnis

Vorworte

Mit diesem Buch halten Sie ein Bulletin essentieller Lebensweisheiten in Händen. Es ist Ursula Dziambor gelungen das Spektrum der tieferen Fragen, die das Leben aufwirft, mit schlichten Worten zu beantworten und dabei gleichzeitig den anerkannten Meistern aller philosophischen Richtungen und ihren Sichtweisen gebührenden Raum zu geben. Jedes wichtige Lebensthema wird berührt und zwischenmenschliche Begegnungspunkte sind in fürsorglicher Betrachtungsweise dargestellt.

Dieses Buch richtet sich speziell an Menschen, die die Herausforderungen unserer besonderen Zeit neu entdecken, und für die die Bekanntschaft mit spirituellen Sichtweisen eine neue Perspektive über das Leben ist. Es hilft dem Suchenden spirituelle Praxis in den Alltag zu bringen und diese als natürlichen Bestandteil der Gesetze des Lebens wieder zu erkennen. Im weitesten Sinne ist dieses Buch eine einfache Anleitung zu ganzheitlicher Lebensführung.

Ich kenne Ursula aus meinen Aura-Soma Seminaren, die sie mit konstanter Regelmäßigkeit besucht. Durch ihr tiefgründig erkennendes Wesen hat sie immer in besonderer Weise ihren Beitrag dazu geleistet. Ihre stille, freundliche Art scheint auch in diesem Buch durch jeden Satz und jeden Gedanken, den sie in Worte gefaßt hat.

Ihnen als Leser wünsche ich einsichtsreiche Momente bei der Lektüre.

Meinen Dank richte ich an Ursula Dziambor für ihre Anfrage, dieses Vorwort zu schreiben, wie auch für ihren Einsatz für Aura-Soma – begleitet von meinen besten Wünschen für eine erfolgreiche Verbreitung dieses Buches.

Iris Rebilas, Aura-Soma Deutschland

⁎

„Boten des neuen Wir“ – dieses Buch sendet sie aus. Sie, die Boten, bringen die Kunde von einem neuen Selbstverständnis unserer Spezies. „Wir“ das sind wir Menschen als kosmische Wesen und als Mitgestalter, ja Mitschöpfer unserer Geschicke. „Entscheide dich, dabei zu sein“ – darin erschallt der Ruf, zu erkennen, wohin die Reise uns nun führt mit der klaren Einladung, selbst aktiv zu werden, mitzuwirken, zu gestalten, Teil zu sein und Teil zu haben. In dem Maße, in dem wir mitgestalten, in dem Maße profitieren wir gleichzeitig.

Das ist sowohl der erste Schritt als auch der wichtigste. Der Türöffner! Dahinter liegt das „Olam“ – die kommende Welt. Doch es gilt zu verstehen, dass wir dieses gelobte Land nicht in eine ferne Zukunft projizieren müssen. Uns ist es gegeben, diesen Jubel der Liebe im gegenwärtigen Moment zu zelebrieren. Denn wir wissen um die Kraft des Jetzt und um die Ewigkeit des Augenblicks. So können wir tiefer und tiefer eintauchen in diese senkrechte Welt, die sich in unserem Inneren befindet.

So gesehen ist dieses Buch wie ein Ariadnefaden der Weisheit, geknüpft aus Perlen unserer menschlichen Suche nach dem Ursprung. Woher kommen wir? Wohin gehen wir? Wer sind wir? Diese zentralen Fragen werden in die große Kulisse menschlichen Forschens gestellt und mit jedem Kapitel mehr und mehr erhellt.

Nicht allein um die Theorie spiritueller Erkenntnisse geht es hier, sondern auch und vor allem um deren Anwendung in unserem praktischen Leben. Mögliche Wege werden aufgezeigt, die uns helfen können, das Erkannte zu erreichen, Wege, die uns darin unterstützen, das neue Wir mitzugestalten, bewusster Teil der Evolution der Menschheit zu werden und zu sein.

Ja, es ist möglich, im Licht der Liebe zu leben. Und ja, wir Menschen spielen endliche und unendliche Spiele. Endlich ist das Spiel in unserem physischen Körper – unendlich ist die Ewigkeit des Geistes, der wir sind. Das Licht dieses Geistes nennen wir Liebe.

Dieses Buch ist ein Geschenk an das Leben – und damit an Sie. Es ist aus einem weisen Herzen geflossen und berührt eine Möglichkeit, die mehr und mehr Menschen als Erfahrung bezeugen. Denn wir alle sind Polspringer in der Evolution. Wir springen von der Getrenntheit der Materie in die Einheit des Geistes. In das Licht der Liebe.

Freude. Große Freude.

Karl Gamper, Autor der „Vision von NeuLand“

Über Entschlusskraft und Schöpfung gibt es eine grundlegende Wahrheit. Die Unkenntnis davon zerstört unzählige Ideen und großartige Pläne und das ist es, dass in dem Moment, da jemand sich endgültig verpflichtet, dann auch die göttliche Vorsehung Einzug hält.

Alle möglichen Dinge ereignen sich, um diesem zu helfen,
Dinge, die sich sonst nie ereignet hätten.

Ein ganzer Strom von Ereignissen ergibt sich aus der Entscheidung.

Sie ruft für jenen, der die Entscheidung getroffen hat, alle möglichen Vorkommnisse und Zusammenkünfte und stoffliche Hilfe hervor, von der kein Mensch sich hätte träumen lassen, dass sie auf diese Weise eintreffen würden.

Was immer Du tun kannst, oder wovon Du träumst,
Du könntest es tun: beginne damit.

Kühnheit trägt Genius, Macht und Zauber in sich.

Beginne es jetzt. (Johann Wolfgang von Goethe)

✶

Liebe die ganze Menschheit. Hilf allen Lebewesen. Sei glücklich.
Sei höflich. Sei eine Quelle unerschöpflicher Freude.
Erkenne Gott und das Gute in jedem Gesicht.

Kein Heiliger ist ohne Vergangenheit, kein Sünder ohne Zukunft.
Sprich Gutes über jeden. Kannst Du für jemanden kein Lob finden,
so lasse ihn aus Deinem Leben gehen.

Sei originell. Sei erfinderisch. Sei mutig – schöpfe Mut,
immer und immer wieder.

Ahme nicht nach. Sei stark. Sei aufrichtig. Stütze Dich nicht
auf Krücken anderer.

Denke mit Deinem eigenen Kopf. Sei Du selbst. Alle Vollkommenheit
und Tugend Gottes sind in Dir verborgen – offenbare sie.

Auch Weisheit ist bereits in Dir – schenke sie der Welt. Lasse zu, dass die Gnade Gottes Dich freimacht. Lasse Dein Leben das einer Rose sein, schweigend spricht sie die Sprache des Duftes. (Babaji)

Lebewesen oder das Wesen des Lebens

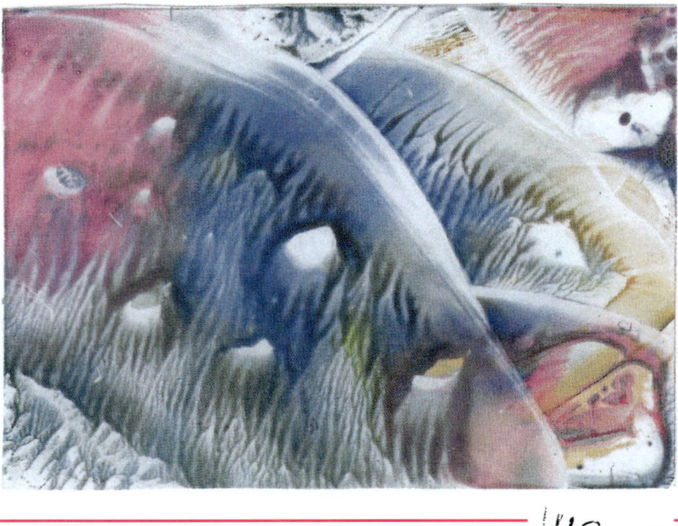

Wer sind WIR?

> *„Wir wissen, wie sich das Licht bricht, aber das Licht bleibt ein Wunder. Wir wissen, wie die Pflanze wächst, aber die Pflanze bleibt ein Wunder. So geht es uns mit allen Dingen auf dieser Welt: Wir besitzen viele Kenntnisse, doch die Schöpfung bleibt ein Wunder."* (Albert Schweitzer)

In der Biologie wird Leben meist als ein Zustand bezeichnet, den alle Lebewesen gemeinsam haben und der sich von unbelebter Materie unterscheidet. Es werden hier die vier Hauptmerkmale von Lebewesen aufgeführt:

- Sie sind von ihrer Umwelt abgegrenzte Stoffsysteme.
- Sie haben Stoff- und Energiewechsel und sind damit in Wechselwirkung mit ihrer Umwelt.
- Sie organisieren und regulieren sich selbst (Homöostase).
- Sie pflanzen sich fort und sind damit auch zu Wachstum und Differenzierung fähig.

Wir alle wissen, dass Pflanzen, Tiere und natürlich der Mensch in diese Kategorie „Leben" hineingehören. Sie erfüllen allesamt die aufgeführten Kriterien. Dann gibt es noch „latente Lebewesen" wie z.B. Sporen von Bakterien oder Pilzen.

Doch die sogenannte Wissenschaft vom Leben – die Biologie – vertritt in mehrfacher Hinsicht eine einseitige Sichtweise. Einerseits berücksichtigt sie nur den materiellen Aspekt des Lebens und lässt den Faktor Information, Bewusstsein, Geist in ihrer Betrachtung außen vor. Andererseits beschränkt sie sich auf das Leben auf unserer Erde und zieht nicht in Betracht, dass es Leben auch anderswo und in anderen Erscheinungsformen geben mag. Eine neuere Definition, die zumindest den zweiten Teil dieser Kritik relativiert, stammt von Bernard Korzeniewski, einem polnischen Wissenschaftler:

> *Leben ist ein Netzwerk tiefer stehender negativer Rückmeldungen, das einer höher stehenden positiven Rückmeldung untergeordnet ist. ...*
>
> *Diese fundamentale Definition gilt nicht nur für Leben, wie wir es kennen, sondern auch für die ersten lebenden Organismen auf der Erde oder für lebensähnliche Daseinsformen, wie sie vielleicht auf fremden Planeten existieren.*

Diese Definition stellt den Systemgedanken zu Lasten des Individuums in den Vordergrund, und letztlich befriedigend erscheint auch sie nicht.

Außerdem fragen wir uns heute, was ist mit den anderen „Wesen der Natur“, den Steinen, den Mineralien, dem Wasser, dem Öl, den anderen Bodenschätzen, ja was ist mit der Erde, mit Mutter Gaia – wie sie manchmal persönlich benannt wird – selbst? Was ist mit den Millionen und Milliarden von Planeten und Sonnen, was mit dem Universum? Sind sie nicht auch belebt? Haben sie nicht auch ein individuelles Bewusstsein oder sind nicht sogar Teil des einen großen universellen Bewusstseins?

Viele Untersuchungen deuten darauf hin, dass dem so ist. Dr. Masaru Emoto hat nachgewiesen, dass Wasser in besonderer Weise auf seine Umgebung reagiert und dass es je nach dem Grad der liebevollen Zuwendung wunderschöne geordnete oder eher chaotische Strukturen aufweist, die mittels eines speziellen Fotoverfahrens sichtbar gemacht werden können.

Wir wissen von einem sogenannten intelligenten Öl, dem Black Goo, dessen Existenz u.a. auf den Falklandinseln nachgewiesen wurde. Dieses Öl verhält sich offensichtlich unterschiedlich, je nachdem, mit welchem Bewusstsein wir ihm gegenübertreten.

Wenn wir wahrnehmen, dass die Stellung der Planeten und der Sonne unseres Sonnensystems einen Einfluss auf unser Leben als Menschen zu haben scheint, dann liegt die Frage nahe, wie mag das kommen? Es erscheint uns so, als hätten alle diese „Dinge“ ein Bewusstsein, als seien es eigenständige Wesenheiten, und als seien sie irgendwie beseelt.

Auch dürfen wir die Möglichkeit in Betracht ziehen, dass es außer den irdischen noch ganz andere Lebensformen im Universum gibt, von deren Existenz wir auf wissenschaftlichem Wege noch nicht erfahren haben. Gelten für diese Lebensformen die gleichen, von klugen Menschen erdachten Kriterien unserer Biologie? Immerhin bezieht Bernard Korzeniewski diese Möglichkeit in seine Betrachtung mit ein. Seine Definition lässt Raum für neue Sichtweisen. Im Gegensatz zu der Auffassung über die Entstehung des Lebens nach Charles Darwin scheint sie nicht zwangsläufig davon auszugehen, dass sich Leben vom kleinen „Primitiven“ ausgehend über immer komplexere Strukturen bis hin zu uns Menschen entwickelt hat, sondern postuliert die Unterordnung des Niedrigeren unter das Höherstehende. Auch der große Physiker Max Planck war der Auffassung:

Dieser Geist ist der Urgrund der Materie. Nicht die sichtbare, aber vergängliche Materie ist das Reale, Wahre, Wirkliche – denn die Materie bestünde ohne den Geist überhaupt nicht –, sondern der unsichtbare, unsterbliche Geist ist das Wahre! Da dieser in Feldern auftritt, muss man von Geistwesen ausgehen. (Max Planck)

Wir gewinnen die Einsicht, dass auch Naturwissenschaftler wussten und wissen, dass ihre Perspektive allein keine Antworten auf die Frage nach dem Wesen des Lebens zu geben vermögen. Philosophie und Religion mögen uns weitere Hinweise geben. Doch niemand nimmt es uns ab, unser eigenes Bild über das, was Leben wirklich ausmacht, zu entwerfen.

Und während ich diese Zeilen schreibe, durchströmt mich ein tiefes Ahnen, ein Eintauchen in das Wesen allen Seins.

- Kann es sein, dass alle Abläufe und Erscheinungen, die wir auf unserer Erde und im Kosmos wahrnehmen, demselben großartigen Plan unterliegen?
- Kann es sein, dass das Universum, wie wir es heute kennen, genau wie wir aus einem Zusammenspiel von Materie als verdichteter Energie und Bewusstsein entstand?
- Kann es sein, dass es wie wir eine begrenzte materielle Lebensdauer hat, dass es dann einen physischen Tod stirbt, sich danach in einen anderen Seinszustand transformiert, nur um wieder neu geboren zu werden?
- Gilt dieser ewige Rhythmus für das Universum als Ganzes, für jede Galaxie, jeden Stern und jeden Planeten und alles, was auf den Planeten und in dem unendlichen Raum dazwischen existiert?
- Gilt es – auf die Erde bezogen – auch für uns Menschen, als die vermeintliche Krone der Schöpfung, die Tiere, die Pflanzen und was es sonst noch an Belebtem geben mag?
- Gilt für uns alle das gleiche Prinzip, des ständigen Wechsels zwischen Geburt, Leben und Vergehen? Allein die Zeitabläufe, in denen sich diese Zyklen abspielen, sind unterschiedlich. Was für ein Menschenleben 80 Jahre sein mögen, sind vielleicht mehrere Milliarden Erdenjahre für einen Planeten und noch viel größere, unvorstellbar lange Zeitspannen für das ganze Universum.

Mir gefällt die Vorstellung aus den Veden sehr gut, die das Werden und Vergehen des Universums mit dem Ein- und Ausatmen Vishnus beschreiben. Die Zeitalter werden mit den Tagen und Nächten Brahmas in Verbindung gebracht, und ein Tag Brahmas entspricht danach 4,32 Milliarden Erdenjahren. Und von Ewigkeit zu Ewigkeit mag es außerhalb von Zeit und Raum so weitergehen. Es erscheint so, als stünde dabei alles miteinander in Beziehung, sei vernetzt und bedinge sich gegenseitig, in Erfüllung eines gigantischen göttlichen Einsatzplans, vergleichbar mit einem unvorstellbar komplexen Computerprogramm. Eine geradezu ungeheuerliche Vorstellung!

> *Alles Wissen der Welt ist miteinander verbunden.*
> *Alles stammt aus einer großen Quelle.*
> *Die alten Ägypter wussten nichts, was wir nicht auch wissen.*
> (Vusamazulu Credo Mutwa)

> *Wenn wir einmal das Mysterium des Todes gemeistert haben, werden wir imstande sein, am göttlichen Plan des Universums teilzunehmen.* (Chris Griscom)

Über den Aufbau des Universums gibt es verschiedene Theorien. Einige, wie die der Veden und der Kabbala, gehen von sieben lichten Dimensionsebenen aus, die jeweils auch eine Entsprechung in den dunklen Welten haben. In diesem Zusammenspiel kommt der Erde eine ganz besondere Schlüsselrolle zu, denn sie befindet sich auf der Schwelle zwischen dem Licht und der Dunkelheit. Gleichzeitig ermöglicht sie den auf ihr lebenden Wesen die Identifikation mit den Kräften der untersten Ebene der lichten Welten, im Sanskrit als Bhurloka oder auch Bhumandala bezeichnet, und der höchsten der dunklen Welten.

Das bedeutet, dass auf der Erde Dualität herrscht. Alles hat zwei Seiten, und sowohl die lichten wie die dunklen Mächte sind auf der Erde anzutreffen. Der Mensch hat den freien Willen, sich zu entscheiden, in welche Richtung er seine Energien lenken möchte. Er ist **das** Wesen im Universum, das in dieser Hinsicht die größte Palette an Möglichkeiten aufweist: von dem Dunkelsten, Brutalsten und Grausamsten bis hin zu dem Höchsten, Lichtvollsten und Göttlichen.

Die sieben kosmischen Gesetze

Wenn wir diesen Gedanken weiterspinnen, sind wir also kosmische Wesen, die sich zurzeit auf diesem schönen blauen Planeten namens Erde aufhalten. Wir sind nicht allein im großen, uns von hier aus unendlich erscheinenden Raum, und wir sind natürlich auch nicht allein auf der Erde. Beides scheinen wir manchmal vergessen zu haben.

Als kosmische Wesen unterliegen wir wie alles andere im Universum den dort herrschenden Gesetzmäßigkeiten. Diese Gesetze wurden, so wird in den Legenden vieler Völker berichtet, vor langer Zeit auf den berühmten Smaragdtafeln des Hermes Trismegistos, „dem dreimal großen Hermes“ bzw. Thot, dem ägyptischen Gott der Weisheit, niedergeschrieben. Der griechische Philosoph Platon war der Auffassung, dass Thot die kulturellen Grundlagen der Menschheit entwickelt und die Philosophien und Religionen aller Völker und Kulturen damit beeinflusst habe. Diese ewigen und unabänderlichen Gesetze gelten auf allen Ebenen des Seins im gesamten Kosmos und wurden der Menschheit bis heute überliefert. Lange Zeit hielt man sie allerdings so geheim, dass sie für die meisten Menschen geradezu „hermetisch verschlossen“ blieben und nur einer kleinen Gruppe von Eingeweihten, den sogenannten Hermetikern, zugänglich waren. Heute ist diese Zeit der Geheimhaltung vorbei und jeder, der sich dafür interessiert, findet Zugang zu diesem Wissen.

Keines dieser sieben Prinzipien kann isoliert betrachtet werden. Sie wirken zusammen, bedingen und durchdringen einander und sind in vielfacher Weise miteinander verbunden. Man könnte sie als Facetten der Einheit verstehen. Wir Menschen sind einerseits in diese Prinzipien eingebunden, uns steht aber auch die Möglichkeit offen, sie von außen, quasi als Zeugen, zu betrachten. Als oberstes Prinzip über allem stehen die bedingungslose Liebe und das Licht. Liebe wird gleichgesetzt mit der immerwährenden allgegenwärtigen Gnade und dem unbedingten Annehmen, das alle Gesetze durchdringt. Sie wird mit dem Göttlich-Weiblichen in Verbindung gebracht. Licht als göttlich-männliches Prinzip liefert Struktur, Ordnung und Gesetzmäßigkeit. Licht und Liebe zusammen bewirken das wunderbar liebende Universum, in dem jedes menschliche Geschöpf einen freien Willen hat und bedingungslos angenommen wird. Das Wissen um die kosmischen Gesetze kann dazu verhelfen, uns wieder daran zu erinnern.

Und so lauten die sieben Prinzipien, denen alles Leben unterworfen ist:

1. Das Prinzip des Geistes

Alles ist Geist. Die Quelle des Lebens ist unendlicher Schöpfergeist. Die Schöpfung ist mental. Geist herrscht über Materie.

Heute kennen wir diese Erkenntnis auch aus der Quantenphysik, die uns mitteilt, dass es Materie, wie wir sie meinen wahrzunehmen, in Wahrheit gar nicht gibt, dass vielmehr alles Energie in verschiedenen Verdichtungsstadien ist. Wenn wir uns dann auch noch darüber bewusst werden, dass diese Energie Informationsträger ist, sind wir bei dem Begriff „Geist“ angelangt. Selbstverständlich betrifft dies auch unsere Natur als Menschen. Wenn wir dieses Prinzip wirklich verinnerlicht haben, wird uns bewusst, dass wir tatsächlich geistige Wesen sind. Was für uns gilt, gilt auch für alles andere und das All in seine Gesamtheit selbst. Alles Leben ist unvergänglich, ewiger lebendiger Geist ebenso wie Gott selbst, der es erschaffen hat. Es unterliegt dem ständigen Wandel und geistigen Wachstum. Das Höher-Schwingende verändert und hebt das Nieder-Schwingende, also der Geist verändert die Materie oder genauer: Das weniger Dichte verändert das Verdichtete. Das Bewusstsein bestimmt das Sein. Mit Licht und Liebe können wir alles verändern, denn sie sind die kraftvollsten Mächte der Schöpfung. Unser freier Wille besteht darin, uns dafür oder dagegen zu entscheiden, und darin liegt jede Erfahrung, die überhaupt möglich ist.

Achte auf deine Gedanken,
Denn sie werden zu Worten,
Achte auf deine Worte,
Denn sie werden zu Taten,
Achte auf deine Taten,
Denn sie werden zu Gewohnheiten,
Achte auf deine Gewohnheiten,
Denn sie werden dein Charakter,
Achte auf deinen Charakter,
Denn er wird dein Schicksal (Aus dem Talmud)

2. Das Prinzip von Ursache und Wirkung – Karma

Jede Ursache hat eine Wirkung – jede Wirkung hat eine Ursache. Jede Aktion erzeugt eine bestimmte Energie, die mit gleicher Intensität zum Ausgangspunkt, also zum Erzeuger zurückkehrt.

Sowohl Qualität als auch Quantität der Wirkung entsprechen der Ursache, durch die sie hervorgerufen wird. Durch eine Aktion wird eine gleichstarke Reaktion erzeugt. Dies gilt unabhängig davon, auf welcher Ebene die Ursache liegt. Dieses Prinzip geschieht in Übereinstimmung mit Gesetzmäßigkeiten. Jeder Mensch ist Schöpfer, Träger und Überwinder seines Schicksals zugleich. Das bedeutet gleichzeitig, er trägt die Verantwortung für sein Leben. Jeder Gedanke, jedes Gefühl, jede Tat ist eine Ursache, die eine Wirkung erzeugt. Die Begriffe Sünde, Schuld, Zufall und Glück sind also so nicht wirklich zutreffend. Im Grunde existieren nur Ursachen und Wirkungen, die lange, manchmal viele Jahrhunderte und Existenzen auseinander liegen können. Wir werden so oft mit den Wirkungen unserer früheren Handlungen konfrontiert, bis sie von uns in Liebe angenommen und also aufgelöst werden können. „Glück" und „Zufall" sind nur Bezeichnungen für das noch nicht erkannte Gesetz. Nichts geschieht uns „zufällig"!

> *Das Unglück, das uns heute widerfährt, ist die karmische, auf Ursache und Wirkung beruhende Vergeltung eines Unrechts, das wir anderen zugefügt haben. Unsere eigenen negativen Handlungen in der Vergangenheit schaffen die Bedingungen für unser jetziges Leiden. Wenn wir es uns recht überlegen, sind wir eigentlich diejenigen, die einem anderen schaden: Wer uns Leid zufügt, häuft unseretwegen negatives Karma an und legt damit die Grundlage für sein zukünftiges Leiden.* (Dalai Lama)

> *Wir können uns dem Gesetz von Ursache und Wirkung nicht entziehen, wir können es nur zu unseren Gunsten nutzen.* (Dalai Lama)

Das Prinzip des Karmas muss sich nicht in einem ewigen Spiel von „Auge um Auge und Zahn um Zahn" fortsetzen. Jederzeit haben wir den freien Willen, aus diesen Karmaketten auszusteigen. Wenn wir einmal Opfer waren, kommen wir irgendwann in die Situation, zum Täter werden zu können. Aber wir können uns immer auch dagegen entscheiden, es steht uns frei, uns mit dem ehemaligen Täter und unserer Opferrolle zu versöhnen. So halten wir den Ursache-Wirkungs-Verlauf einfach an. Jesus Christus drückte es offensichtlich ebenfalls vor dem Hintergrund des Karmagesetzes so aus:

> *Wenn dich einer auf die Wange schlägt, dann halte ihm auch die andere hin. Wenn dir jemand die Jacke wegnimmt, dann gib ihm noch das Hemd dazu.* (Luk 6.29)

Doch je selbstbestimmter wir leben, je mehr beginnen wir, nicht nur auf die Ursachen, die andere setzen, zu reagieren. Vielmehr können wir uns dazu entscheiden, ganz bewusst auch selbst zur Ursache zu werden. Wir erleben dann, welche Wirkung alles, was wir denken oder tun auf unsere Umwelt und die Menschen, denen wir begegnen ausübt. Wir können uns selbst in genau den Zustand versetzen, den wir uns für die Welt wünschen, zum Beispiel in den Zustand der Freude und Liebe. So werden wir erfahren, dass uns genau dies auch im Äußeren widergespiegelt wird. An diesem Punkt wird der unmittelbare Zusammenhang besonders mit den Gesetzen der Entsprechung und der Anziehung besonders deutlich.

3. Das Prinzip der Entsprechungen oder Analogien

Wie oben – so unten,
wie unten –so oben.
Wie innen – so außen,
wie außen – so innen.
Wie im Großen – so im Kleinen,
wie im Kleinen – so im Großen.

Für alles, was es auf der Welt gibt, gibt es auf jeder Ebene des Daseins eine Entsprechung. Das bedeutet auch, dass alles, was wir in unserem irdischen Leben erleben, auch eine Entsprechung auf einer anderen, höheren bzw. geistigen Ebene hat. Diese Erkenntnis können wir als Schlüssel nutzen, um uns auch die unsichtbaren Welten zu erschließen, zu denen die meisten von uns direkt keinen Zugang haben.

Wie sich unsere äußere Welt präsentiert, ist demnach ein Abbild unserer inneren Landschaften. Wenn in großen Gebieten der Erde Not und Hunger herrschen, ist dies ein Zeichen für unsere Einstellung, dass nicht genug für alle da sei. Solange wir von Angst und Mangeldenken erfüllt sind, wird sich daran nichts ändern. Aber nun haben wir ja erkannt, dass wir uns unsere eigene Welt erschaffen. Fangen wir doch in unserem eigenen Inneren damit an! Befinden wir uns in Harmonie mit uns selbst, sind wir gleichermaßen in Harmonie mit der äußeren Welt. Wenn wir uns verändern, wird sich auch alles um uns herum verändern.

> *Es gibt keine Trennung zwischen innen und außen, Selbst und Anderen. Wenn wir uns unserer selbst annehmen, nehmen wir uns der Welt an. Wenn wir uns um die Welt kümmern, kümmern wir uns um uns selbst.* (Jack Kornfield)

Vor langer Zeit hörte ich erstmals davon, dass unsere Körperzellen und das Universum vom Aufbau her identisch sein sollen. „Welch unglaubliche Vorstellung! Welch ein großartiges Wunder!" so dachte ich damals. Das bleibt es natürlich auch und dennoch, kennen wir das Gesetz der Entsprechung, ist es zwar wunderbar aber eigentlich nicht verwunderlich, teilt dieses uns doch unmissverständlich mit: Wie im Großen – so im Kleinen – und umgekehrt.

4. Das Prinzip der Resonanz oder Anziehung

Gleiches zieht Gleiches an und wird durch Gleiches verstärkt.
Ungleiches stößt einander ab.

Unsere Lebensumstände und das, was uns in unserem Leben widerfährt, werden durch unser persönliches Verhalten bestimmt. Im Feng-Shui (einer in China entstandenen Lehre der Harmonie) weiß man seit langem, dass Aufräumen eine heilsame Wirkung auf uns und unsere Umgebung hat. Die Klarheit der Räumlichkeiten, in denen wir uns aufhalten, erzeugt auch Klarheit in unseren Gedanken, Gefühlen und Lebensumständen. Ein Berg Müll in einer Ecke zieht dagegen weiteren Müll an.

Wenn wir negativ denken und immer das Schlechte von anderen annehmen, ziehen wir Menschen und Wesenheiten an, die ebenso „gestrickt" sind. Wenn wir mit offenem Herzen auf andere zugehen, wird es uns dagegen leichtfallen, die Welt als freundlich und zugewandt zu erleben.

Das, wonach du dich sehnst, sehnt sich nach dir. (Rumi)

5. Das Prinzip der Harmonie oder des Ausgleichs

Der Fluss allen Lebens heißt Harmonie. Alles strebt zur Harmonie, zum Ausgleich. Das Stärkere bestimmt das Schwächere und gleicht es sich an.

Das Leben besteht aus dem harmonischen Miteinander, dem Geben und Nehmen der Elemente und Kräfte, die in der Schöpfung wirken. Indem wir das geben, was wir suchen, lassen wir den Überfluss in unser Leben ein. Indem wir Harmonie, Freude und Liebe geben, erschaffen wir in unserem Leben Glück, Erfolg und Fülle. Von der Fülle des Lebens bekommen wir nur so viel, wie wir uns selbst der Fülle gegenüber öffnen können. Wer Fülle nicht lebt, dem bleibt sie versagt. Wer hortet, verursacht eine Behinderung des freien Flusses, einen Stau, schafft Begrenzungen, die es nicht zu geben brauchte.

Dies führt zu Disharmonie, bis hin zu Krankheit und Tod. Es ist genug für uns alle da!

Reich ist nicht der, der viel hat, sondern der, der viel gibt.
Arm ist nicht der der wenig hat, sondern der, der nie genug bekommen kann. (aus Indien)

Seht die Vögel unter dem Himmel an, sie säen nicht,
sie ernten nicht, sie sammeln nicht in Scheunen;
und euer himmlischer Vater ernährt sie doch.
Seid ihr denn nicht viel mehr wert als sie?
Darum sollt ihr nicht sorgen und sagen:
Was werden wir essen? Was werden wir trinken?
Womit werden wir uns kleiden?
Nach dem allen trachten die Heiden.
Denn euer himmlischer Vater weiß,
dass ihr all dessen bedürft.
Trachtet zuerst nach dem Reich Gottes
und seiner Gerechtigkeit,
so wird euch all das zufallen.
Darum sorgt nicht für morgen, denn der morgige Tag wird für das Seine sorgen. Es ist genug, dass jeder Tag seine eigene Plage hat.
(Predigt von Jesus Christus, Matthäus 6, 26 und 31-34)

6. Das Prinzip des Rhythmus oder der Schwingung

Alles fließt hinein und wieder hinaus. Alles besitzt seine Gezeiten. Alles steigt und fällt. Alles ist Schwingung.

Alles befindet sich permanent in Bewegung, ohne jemals anzuhalten. Der Pendelschwung zeigt sich in allem. In dem Maße, wie das Pendel nach rechts schwingt, muss es auch wieder nach links schwingen. So wird der Ausgleich geschaffen. Wenn wir im ausgleichenden Rhythmus des Lebens mitschwingen, lassen wir jede Art von Starrheit hinter uns und passen uns flexibel diesem Fluss an. Künstliche Konzepte und Schubladendenken wirken diesem Prinzip entgegen.

Für jede Aktion gibt es eine gleichgroße und gegensätzlich verlaufende Reaktion. (Isaak Newton)

Der Ausschlag des Pendels mag unterschiedlich stark sein. Mal verläuft unser Leben rasant und in schnellem Tempo ab. Dann setzen wir zügig Akzente, handeln, sind aktiv und genauso schnell streben die Dinge einer Lösung entgegen. Manchmal geht es auch langsamer, dann dümpeln wir vielleicht eine Zeitlang „auf Sparflamme". Doch auch solche Zeiten haben ihre Berechtigung. Der richtige Zeitpunkt für den Anschub wird kommen. Wir alle haben unseren eigenen Rhythmus, der unserem Wesen entspricht. Wichtig ist, dass wir diesem Rhythmus auch folgen, uns nicht in irgendwelche Raster pressen lassen, die uns nicht gemäß sind. Nur so fließen wir harmonisch mit dem Fluss des Lebens und befinden uns „im flow".

7. Das Prinzip der Polarität und der Geschlechtlichkeit (Sexualität)

Alles besitzt Pole. Alles besitzt ein Paar von Gegensätzen. Die Gegensätze sind eins. Gleich und Ungleich sind eins. Die Wahrheit Gottes ist zugleich männlich und weiblich und zugleich eins.

Dualität ist eine Konstruktion des menschlichen Verstandes, der dazu neigt, alles zu be- und verurteilen. Dieses findet er gut, jenes schlecht. Polarität dagegen ist ein Prinzip des Lebens. Alles hat verschiedene Ausprägungen der einen, selben Sache. Die Temperatur kann heiß oder kalt sein, doch sie bleibt Temperatur. Wir wissen, dass beides gleichwertig ist, auch wenn wir persönlich das eine oder andere bevorzugen mögen. Die Übergänge sind fließend. Wir können uns für einen der beiden Pole, also die jeweils extremste Ausprägung entscheiden oder für die Mitte, das wäre in unserem Beispiel dann vielleicht „lauwarm".

In allen Rollen unseres Lebens können wir uns neu positionieren, können wählen, ob wir zu einem der beiden extremen Pole gehen wollen (nie oder immer) oder ob wir uns irgendwo dazwischen wiederfinden möchten (ab und zu, manchmal, oft). Die Entscheidung mag von Rolle zu Rolle in unserem Leben anders ausfallen, doch es gibt auch diejenigen unter uns, die tendenziell dazu neigen, eher extreme oder eher ausgleichende Positionen einzunehmen. Wo immer wir uns auf der Skala zwischen zwei Polen auch positionieren, wir sind und bleiben Teil der Einheit.

Einheit

Wenn das Ganze
Ungeteilt von dir erfahren wird
Wenn die Einheit
Sich für dich in Allem widerspiegelt
Wenn das Licht
Den Schatten nicht mehr von dir wirft

Wenn deine Gefühle
Aus der niedersten Region gebannt
Wenn du auf Feuerwegen
Deines Lebens nicht verbranntest
Hat ein Flügelschlag
Der wahren Liebe dich gestreift (Christa Schyboll)

Geschlechtlichkeit/Sexualität ist in allem.
Alle Geschlechtlichkeit/Sexualität ist zugleich Einheit.

Alles, auch wir Menschen, tragen weibliche und männliche Aspekte in uns, unabhängig davon, welchem Geschlecht wir angehören. Wir leben mit uns selbst umso mehr im Einklang, je besser es uns gelingt, unsere weiblichen und männlichen Aspekte gleichermaßen auszuleben. Dann befinden wir uns in unserer Mitte, im inneren Gleichgewicht. Das schließt nicht aus, dass wir manchmal eher männlich, das heißt aktiv und fordernd und manchmal eher weiblich, das bedeutet passiv und abwartend handeln bzw. nicht handeln. Je nach Situation und Lebensbereich mag uns das eine oder das andere als geeigneter erscheinen. Auf das richtige Zusammenspiel kommt es an.

Die beiden Pole der Geschlechtlichkeit wirken auf allen Ebenen, auch und gerade auf die Sexualität im engeren Wortsinn. Wenn wir in uns selbst den Ausgleich schaffen, fühlen wir uns auch alleine ganz. Wir streben dann nicht unentwegt danach, den Ausgleich durch die Vereinigung mit einem Partner bzw. einer Partnerin zu suchen. Denn Geschlechtlichkeit drängt zur Einheit. Die Einheit mit unserem Partner mag uns wunderbare Momente bescheren doch einen dauerhaften Ausgleich der Polaritäten finden wir nur in uns selbst.

Ein wunderbares Symbol zur Darstellung von Polarität ist das Yin-und-Yang-Symbol, das ursprünglich aus dem chinesischen Kulturkreis stammt und heute auch bei uns allgegenwärtig ist. Beide Seiten (die „männliche“ weiße und die „weibliche“ schwarze) ergeben zusammen ein Ganzes, einen Kreis und tragen einen Aspekt des jeweils anderen in sich.

Was wir daraus machen

Diese sieben kosmischen Gesetze wurden uns geschenkt, damit wir hier auf der Erde, während unseres Daseins als Menschen, danach leben können. Doch der freie Wille führt uns manchmal in eine ganz andere Richtung.

- Wir berücksichtigen nicht, dass wir nicht aus der Materie heraus handeln können, sondern dass der Geist das höchste Prinzip ist **(1. Prinzip)**.
- Wir denken nicht darüber nach, dass alle unsere Gedanken und Handlungen früher oder später eine Reaktion verursachen. **(2. Prinzip)**.
- Wir merken nicht, dass die Welt, wie wir sie im Außen erleben, nur ein Spiegel unserer selbst ist **(3. Prinzip)**.
- Wir verhalten uns anderen gegenüber nicht so, wie wir selbst von ihnen behandelt werden wollen **(4. Prinzip)**.
- Wir nehmen uns unverhältnismäßig viel, ohne etwas zurückzugeben oder umgekehrt **(5. Prinzip)**.
- Wir lassen das Pendel manchmal einseitig in eine Richtung ausschlagen und denken nicht daran, dass es auch wieder zurückkommt **(6. Prinzip)**, und
- wir respektieren vermeintlich Andersartiges nicht, sehen nicht, dass es nur ein Aspekt der Einheit allen Seins ist **(7. Prinzip)**.

Manchmal leben wir auf der Erde getrennt von diesen alles bestimmenden Prinzipien, so als gäbe es kein Morgen. Wir zünden unterirdisch Atombomben, weil das angeblich der Sicherheit dient. Wir berauben die Erde ihrer Bodenschätze, die wir meinen, für die Aufrechterhaltung unseres Lebensstandards zu benötigen. Wir ignorieren hartnäckig schonende Methoden, Energie zu gewinnen und machen nach und nach ganze Landstriche zu unbewohnbaren Wüsten. Gleichzeitig nehmen wir damit den Pflanzen und Tieren ihren Lebensraum und letztlich natürlich auch uns selbst und den Generationen, die nach uns kommen.

Zwar gibt es immer wieder warnende Stimmen, die auf den Zusammenhang mit Erdbeben und Vulkanausbrüchen, das Artensterben oder die Verschmutzung von Luft und Gewässern hinweisen. Aber manchmal scheint es so, als ob diese im luftleeren Raum verpufften. Wir zeigen uns auf mentaler Ebene betroffen, wenn wir davon hören, um dann umgehend zu unserem gewohnten Lebensstil zurückzukehren. Wir versuchen all das Unfassbare mit unserem Verstand zu erfassen und nicht mit unserem Herzen.

Häufig gehen wir nicht wirklich achtsam mit dem um, was uns geschenkt wurde. Wir meinen vielleicht, als Einzelne sowieso nichts bewirken zu können und machen deshalb einfach weiter wie bisher.

Doch dieses Verhalten steht nicht im Einklang mit dem Universum und seinen Gesetzmäßigkeiten.

Wir können immer etwas tun, uns jederzeit für den lichtvollen Weg entscheiden. Jeder von uns kann sein Bewusstsein schärfen und seine Verhaltensweisen revidieren. Natürlich hat auch das eine Wirkung auf das große Ganze, von dem wir ein Teil sind. Richtig ist auch, dass diejenigen, die diese globale Ausbeutung aktiv initiieren und federführend vorantreiben, offensichtlich nicht an der Erhaltung lebenswerter Zustände und des Lebens selbst interessiert sind. Sie haben sich für die dunkle Seite entschieden. Doch jeder von uns ist ein eigenständiges Individuum und kann sich gegen diese Vorgehensweise entscheiden und damit für das Licht.

Es ist an der Zeit, uns von der vermeintlichen Alleinherrschaft der Mächtigen abzulösen und uns unserer Eigenverantwortung als Individuum bewusst zu werden. Integrieren wir dieses Bewusstsein in unser Leben und unterstützen wir damit alles, was sich im Einklang mit der Schöpfung befindet. Wir sind nicht ohnmächtig, nicht machtlos. Wir sollten nicht resignieren, wenn der hundertste Weltklimagipfel mit Lippenbekenntnissen und einem Galadiner für die daran Beteiligten endet. Er war nie wirklich dazu bestimmt, die Weichen für einen Wandel zu stellen.

Doch der Wandel wird kommen, ja befindet sich schon in vollem Gange, denn nach dem sechsten kosmischen Gesetz strebt alles nach Harmonie. Das bedeutet, alles, was diesem zuwiderläuft, wird nicht von Bestand sein können. Die Frage ist nur, wie dieser Ausgleich vonstatten geht? Wenn wir so weiter machen, kann es zu heftigen Gegenreaktionen und einem Aufbäumen der Erde kommen, es kann Naturkatastrophen ungeahnten Ausmaßes geben. Die Kriege zwischen den Völkern, Kulturen, Religionen, Ländern, die ausgebeutet werden, und denen, die sie ausbeuten, werden nicht enden. Krankheiten und Epidemien werden sich ausbreiten. Kehren wir also besser um und forcieren damit einen fließenden harmonisch verlaufenden Wandel. Wir sind aufgefordert, uns zu entscheiden!

> *Wenn du nicht Teil der Lösung bist,*
> *bist du ein Teil des Problems.* (Eldridge Cleaver)

Bedürfnisse und Potenziale

Der Mensch ist ein komplexes Wesen, dessen Existenz auf der Erde bestimmten Regeln unterliegt. Er ist gleichzeitig Bestandteil seiner Gattung und Individuum, das heißt, er zeichnet sich durch Eigenschaften und Erscheinungsformen aus, die für alle Menschen gleichermaßen Gültigkeit haben, und durch solche, die nur ihn allein auszeichnen. Während seiner Lebenszeit interagiert er mit anderen menschlichen Wesen, mit Tieren und Pflanzen, ja mit der gesamten Natur. Außerdem kommt er in Kontakt mit den technischen Errungenschaften seiner Spezies und all dem, was wir als unsere heutige Umwelt bezeichnen. Diejenigen, die in der Lage sind, auch feinstoffliche Dinge wahrzunehmen, erlangen ein erweitertes Weltbild. Sie erleben Begegnungen mit anderen Aspekten des Menschseins und möglicherweise auch mit anderen Wesenheiten.

Im Laufe der Zeit entwickeln wir unsere individuellen Bedürfnisse, die wir zum Teil mit den meisten anderen Menschen gemeinsam haben, die zu einem anderen Teil aber auch sehr spezifisch sind. Diese sind geprägt durch die Umstände, unter denen wir aufwachsen, die genetischen Erbanlagen unserer Eltern und Ahnen und unser kulturelles Umfeld. Ein weniger häufig betrachteter Aspekt kommt hinzu, nämlich die Erfahrungen unserer Seele und ihr Auftrag, den sie für dieses Leben mitgebracht hat. Ebenso erwachsen unsere Gaben und Talente aus den genannten Aspekten unseres Daseins. Diese liegen bei jedem auf einem anderen Gebiet, sie mögen mehr oder weniger erkannt und gefördert werden und können sich mehr oder weniger gut entfalten. Oft schlummern unsere Potenziale im Verborgenen und bleiben bis zum Ende unserer Tage ungenutzt. Doch wir schaffen uns unsere Möglichkeiten auch selbst, und so liegt es an jedem von uns, unser Potenzial zu erkennen und so weit wie möglich zu entwickeln. Das sind wir unserem Leben schuldig.

Chakren und Bewusstseinsebenen

Die Abfolge, in der unsere Bedürfnisse und Bewusstseinsstufen während unseres irdischen Lebens hier dargestellt werden, orientiert sich an den sieben Hauptenergiezentren des Menschen, den sogenannten Chakren. In unterschiedlichen Kulturen gibt es voneinander abweichende Chakralehren. Die gängigste und hier aufgegriffene basiert auf der indischen Yoga-Lehre.

Die einzelnen Chakren sind feinstofflicher Natur und durchdringen sowohl die feinstofflichen als auch den physischen Körper des Menschen. Sie stehen auch mit den einzelnen Schichten der menschlichen Aura in Beziehung, jenen sieben feinstofflichen Körpern, die manchmal auch in ihrer Gesamtheit als Astralkörper bezeichnet werden. Die Chakren befinden sich an bestimmten Positionen entlang der Wirbelsäule in senkrechter Anordnung von unten nach oben. Mit Ausnahme des Wurzelchakras und des Scheitelchakras, die sich jeweils nur in eine Richtung öffnen, besitzen die übrigen Chakren jeweils eine Öffnung nach vorne und eine nach hinten.

Die Chakren werden mit bestimmten menschlichen Bedürfnissen, Ausrichtungen und Bewusstseinsstufen in Verbindung gebracht und finden ihre Entsprechung in bestimmten Farben. Die bisher übliche farbliche Zuordnung ist in der unten folgenden Tabelle aufgeführt. In jüngster Zeit wird teilweise eine Verschiebung der farblichen Zuordnung angenommen. Nach dieser Auffassung wäre das Basischakra der Farbe Blau, das Sakralchakra der Farbe Gelb, der Solar-Plexus der Farbe Rot, das Herzchakra der Farbe Rosa, das Kehlkopfchakra der Farbe Violett, das dritte Auge der Farbe Türkis und der Scheitel der Farbe Weiß zugeordnet.

Wenn die Chakren in einem guten Zustand sind, rotieren sie gleichmäßig, vergleichbar mit sich langsam, doch kontinuierlich drehenden Rädern. Häufig ist dies jedoch nicht der Fall, und es kommt zu Blockaden. Alternativ bin ich auch schon auf die Auffassung gestoßen, dass die Chakren erst durch Störungen überhaupt in Erscheinung träten. Solange alles in Ordnung sei, seien diese gar nicht wahrnehmbar. Tatsache ist, dass Störungen der Chakren zu körperlichen Problemen führen können und vor allem auch Rückschlüsse auf unseren Bewusstseinshorizont und darüber zulassen, auf welche Bereiche unseres Lebens wir gerade unsere besondere Aufmerksamkeit richten sollten. So können wir in die Eigenverantwortung gehen und unser Wachstum als Mensch aktiv mitgestalten.

Abbildung des Chakras	Name, deutsch/ Name, Sanskrit	Lage im/am Körper	Primäres Lebensalter	Zentrale Themen	Farbe
	Scheitelchakra/ Sahasrara	Auf dem Kopf	42 bis < 49 Jahre	Spiritualität, Erleuchtung, Selbstverwirklichung	Violett
	Drittes Auge/ Ajna	Zwischen den Augenbrauen	35 bis < 42 Jahre	Intuition, Wahrnehmung, Hellsichtigkeit, Bewusstsein, Meditation	Königsblau
	Halschakra/ Vishuddha	Kehlkopf	28 bis < 35 Jahre	Synchronizität der Ereignisse, Kommunikation, Kreativität, Individuation	Hellblau
	Herzchakra/ Anahata	Herz, in der Mitte der Brust	21 bis < 28 Jahre	Bedingungslose Liebe, Mitgefühl, Toleranz, Loyalität, Vertrauen, Mut	Grün
	Solar-Plexus/ Manipura	Oberhalb des Nabels	14 bis < 21 Jahre	Macht, Selbstbewusstsein, Wille, Konkurrenz, Karriere, Erfolg	Gelb
	Sakralchakra/ Svadhisthana	Unterhalb des Nabels	7 bis < 14 Jahre	Emotionen, Zusammenhalt, Sexualität, Familie, Ehe, zwischenmenschl. Abhängigkeiten	Orange
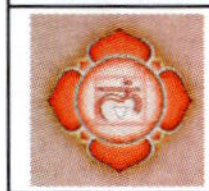	Wurzelchakra/ Muladhara	Zwischen Damm und Anus	0 bis < 7 Jahre	Überleben, Lebenswille, Sicherheit, Selbsterhaltung, Urvertrauen	Rot

Im Idealfall lässt uns unsere Reise durch das Erdenleben jeweils sieben Jahre in einem der mit den Chakren verbundenen Lebensabschnitte verweilen. Wenn die ersten 7 x 7 = 49 Jahre vorüber sind, beginnt das Spiel von Neuem. Natürlich ist das nur ein Richtwert. Jeder Mensch ist ein Individuum und folgt seinem eigenen Rhythmus. Auch erreichen wir nicht immer die höheren Bewusstseinsebenen. Manchmal sprechen wir von „Altersweisheit". Doch wir erleben auch Mitmenschen, die jenseits der Fünfzig, Sechzig oder Siebzig Jahre noch weit von der Erleuchtung entfernt scheinen.

Dennoch können wir bestätigen, dass sich alle sieben Jahre ein Wandel in unserem Leben andeutet. Auch in alten Überlieferungen und Märchen spielt dieser Lebensrhythmus immer wieder eine bedeutsame Rolle. Früher wurden die Jungen aus adligem Elternhaus, die einen Werdegang zum Ritter vor sich hatten, mit sieben Jahren als Page an einen fremden Hof zur Ausbildung geschickt. In dieser Zeit sollten sie vor allem Kraft und Geschicklichkeit erwerben. Mit 14 Jahren wurde der Page zum Knappen befördert und mit 21 Jahren in einer feierlichen Zeremonie zum Ritter ernannt bzw. geschlagen. Dornröschen stach sich kurz nach Vollendung ihres 14. Lebensjahres an einer Spindel und alle Schlossbewohner fielen in einen tiefen hundertjährigen Schlaf, bis ein Prinz kam und das schöne Kind wieder wach küsste. Und nicht von ungefähr wurde man bis vor einigen Jahrzehnten mit 21 Jahren volljährig, durfte wählen und bekam alle Bürgerrechte. Bis heute gilt bis zu diesem Zeitpunkt ein eingeschränktes Jugendstrafrecht in unserem Gesetz.

Die Grundbedürfnisse

Bereits vor der Geburt entwickeln sich die energetischen Grundlagen für unser späteres Leben. Wenn wir dann geboren werden, konzentriert sich unser Dasein zunächst auf die wesentlichen Überlebensmechanismen. Wir brauchen Nahrung, Wärme und Geborgenheit, ein Gefühl von Sicherheit, dass immer für uns gesorgt sein möge. Wenn wir in eine intakte Familie hineingeboren werden, sorgen unsere Eltern für unser Wohlergehen und unsere Gesundheit. Sie geben uns das Gefühl, bedingungslos für uns da zu sein. In diesem Fall haben wir die Möglichkeit, tiefes Urvertrauen für unser Leben zu entwickeln. Auch später im Erwachsenenleben vermittelt uns ein gut entwickeltes Wurzelchakra das Gefühl, gut geerdet und materiell versorgt zu sein. Im Konfliktfall sind wir bereit, unser eigenes Überleben an erste Stelle zu setzen und mit Angriff, Verteidigung oder Flucht zu reagieren. Unser Streben richtet sich auf den Erwerb materieller Dinge und wir sind uns selbst im Leben der oder die nächste. Die Gemeinschaft spielt an dieser Stelle eine untergeordnete Rolle. Es geht, je nach Lebensumständen, um „Revierkampf", das „Recht des Stärkeren".

Die ersten sieben Jahre unseres Lebens prägen uns nachhaltig. Unser Wurzelchakra entfaltet sich in dieser Zeit mehr oder weniger gut, je nachdem, wie unsere spirituelle Entwicklung von unseren Erziehungspersonen unterstützt und gefördert wurde. Es ist ausgesprochen wichtig für unseren weiteren Werdegang, dass die Grundbedürfnisse erfüllt wurden und wir eine gute Verwurzelung in Mutter Erde erfahren durften. So stehen wir fest wie ein Baum, dessen Wurzeln tief in die Erde hinunterreichen, und uns kann so leicht nichts aus der Bahn werfen. Das Fundament steht und darauf können wir die weiteren Entwicklungsstufen unseres Erdenlebens aufbauen. Sollten die Ausgangsbedingungen unseres Lebens weniger ideal ausfallen, ist es schwieriger, aber durchaus möglich, die genannten Qualitäten von uns aus zu entwickeln. Es bilden sich möglicherweise Existenzängste, Ängste vor Krankheit und Tod sowie ein übertriebenes Sicherheitsbedürfnis heraus. Auf körperlicher Ebene neigen wir zu Energiemangel und geringer Lebensfreude. Die am häufigsten auftretenden Erkrankungen im Zusammenhang mit einem blockierten Wurzelchakra betreffen die Verdauung und das Knochengerüst. Die gestörten Energiemuster lassen sich jedoch später ausgleichen und beheben.

Innerhalb des siebenjährigen Reifungsprozesses des Wurzelchakras ist das erste Jahr besonders bedeutsam, da hier verschiedene sich überlappende Zyklen ihren Ursprung haben. Neben dem großen, jeweils sieben Jahre auf einem Bewusstseinsstand verweilenden Zyklus, gibt es noch einen zweiten, kleineren, der in den übergeordneten eingebunden ist. Danach durchlaufen wir alle sieben Hauptchakren innerhalb der Lebensphase, in der sich schwerpunktmäßig eins der Chakren entwickelt und wir mit ihm verbunden sind. Bezogen auf das Wurzelchakra bedeutet das, dass ein Kind nach der Vollendung des ersten Lebensjahres jetzt erfährt, dass es in der Welt nicht nur um seine eigenen Bedürfnisse geht, sondern dass es gleichzeitig ein Bestandteil der Gemeinschaft ist. Es erlebt sich als Mitglied der Familie, in die es hinein geboren wurde, und bekommt Kontakt mit dem zweiten, dem Sakralchakra. Wenn es älter als zwei Jahre ist, entwickelt es dann seinen eigenen Willen, den es manchmal (sofern die Erdung geglückt ist) recht kraftvoll gegen denjenigen der Erwachsenen durchzusetzen versucht. Wir kennen dieses Phänomen als Trotzphase. So geht es während des gesamten ersten Lebensabschnitts von sieben Jahren weiter bis hin zum siebten Chakra. Mit sieben Jahren entwickelt sich häufig das Interesse an Gott, dem Tod und dem Sinn des Lebens, kurz gesagt an Spiritualität.

Mit acht Jahren dann beginnt die zweite Etappe des großen Zyklus mit dem Eintritt in das Sakralchakra. Gleichzeitig – da es sich um das erste Jahr der zweiten Phase handelt – beginnt der untergeordnete Zyklus wieder mit dem Wurzelchakra.

Das Bedürfnis angenommen, geborgen und anerkannt zu werden

Mit Eintritt in die Schule gewinnt die Gemeinschaft mit anderen an Bedeutung. Wir sind gefordert, unsere eigenen und die Bedürfnisse anderer miteinander abzugleichen und zu harmonisieren. Durch diese Übung stoßen wir oft auf Hindernisse und Schwierigkeiten, wodurch sich Unstimmigkeiten zwischen uns und unseren Mitmenschen bis hin zum offenen Streit herausbilden können. Dabei entwickeln wir unsere Verhaltensmuster im Umgang mit anderen. Bei vielen von uns mag der Wunsch nach Angenommenwerden in der Gemeinschaft dominieren und letztlich über das 14. Lebensjahr hinaus auch das ganze Leben bestimmen. Was tun wir dann nicht alles, um dieses Ziel zu erreichen? Möglicherweise reden wir anderen nach dem Mund oder tun Dinge, die uns eigentlich gar nicht entsprechen, nur um den anderen zu gefallen. Oftmals hindert uns dieser Wunsch sogar daran, überhaupt eine wirkliche eigene Persönlichkeit zu entwickeln. Wir sehen die Sendungen im Fernsehen, die „Mainstream“ sind, und wir freuen uns, wenn wir mitreden können. Familie, Freundeskreis, Vereine und Kollegenkreis können wahre Nährböden für diese Art von zwischenmenschlicher Interaktion sein. Wir verabreden uns, lachen miteinander und ziehen dabei meistens über andere her. Wir fühlen uns angenommen und finden darin unsere Erfüllung.

Wenn wir uns aus irgendeinem Grund nicht gleichwertig fühlen sollten, erblühen Emotionen wie Neid, Missgunst und Eifersucht. Wir sind verhaftet in Moralvorstellungen der Gesellschaft und beurteilen uns selbst und andere ständig nach diesen von anderen Menschen vorgegebenen Mustern. Manchmal neigen wir auch zu besonderer Hilfsbereitschaft und opfern uns auf unsere eigenen Kosten für andere auf. Diese Art von Hinwendung zu unserem Nächsten wird als das berühmt-berüchtigte Helfersyndrom bezeichnet.

Auch die Beziehung zwischen Mann und Frau hat hier ihren Ursprung, jedenfalls dann, wenn sie auf sexueller Anziehung aufbaut. Auf körperlicher Ebene steht das Funktionieren der Geschlechtsorgane in engem Zusammenhang mit einem gut entwickelten Sakralchakra. Im Falle einer Störung oder Blockade können sich Menstruationsbeschwerden, Frigidität oder Potenzstörungen entwickeln. Möglicherweise ist auch die Entgiftung des Körpers über die Harnwege gestört.

Ein gut entwickeltes Sakralchakra ist eine wichtige Voraussetzung für unsere physische und psychische Gesundheit, nicht zuletzt auch für eine erfüllte Sexualität. Wenn wir jedoch auf dieser Entwicklungsstufe hängen bleiben, verstricken wir uns allzu sehr im Geflecht der Beziehungen und Abhängigkeiten und werden uns als Individuen nicht wirklich frei entfalten und verwirklichen können.

Das Bedürfnis nach persönlichem Erfolg

Nachdem wir in der Gesellschaft Fuß gefasst haben, möchten wir uns verwirklichen und unseren sogenannten kleinen Willen durchsetzen. Es ist die Zeit, in der früher manchmal schon die berufliche Ausbildung begann. Heute sind die meisten Jugendlichen nach dem 14. Lebensjahr zunächst noch Schüler. Das Schulsystem bietet nicht immer den nötigen Freiraum für individuelle Entwicklungsschritte. So setzen wir uns in dieser Phase bewusst von der Erwachsenenwelt ab, sprechen in einer eigenen Jugendsprache, die uns mit den Gleichaltrigen verbindet, und lassen uns allerhand andere Dinge einfallen, die uns außerhalb der Jugend-Subkultur unverwechselbar und wenig kompromissbereit erscheinen lassen. Gern setzen wir uns über Wünsche oder Anweisungen der Elterngeneration hinweg.

Wenn diese Entwicklungsstufe auch im Erwachsenenalter dominiert, treten wir vorzugsweise als Einzelkämpfer auf. Dabei zeigen wir uns weniger teamfähig und neigen dazu, unsere Mitmenschen zu dominieren oder zu bevormunden. Andere nehmen wir allenfalls zeitweise aus strategischen Erwägungen mit ins Boot. Bei Menschen mit besonders dominantem Solarplexus kann auch das Thema Macht eine entscheidende Rolle spielen. In diesem Fall wollen wir über andere bestimmen, ihnen unseren Willen aufzwingen. Wenn das Solarplexuschakra, auch Nabelchakra genannt, in einem ausgewogenen Verhältnis zu den anderen Chakren steht, entwickeln wir ein gesundes Selbstbewusstsein, Durchsetzungskraft und eine eigene Persönlichkeit, gute Voraussetzungen für ein erfolgreiches Leben.

Da der Solarplexus ein wichtiger Energiespeicher ist, führt seine Schwäche zu Energiemangel und einem unterentwickelten Selbstwertgefühl. In diesem Fall fühlen wir uns unsicher und neigen dazu, uns dominanteren Führungspersönlichkeiten anzuschließen, auch wenn wir nicht von deren Lauterkeit überzeugt sein mögen. Ein schwaches Nabelchakra wirkt sich auch auf alle übrigen Chakren dämpfend aus. Es kann auf körperlicher Ebene zu Erschöpfungszuständen und/oder Erkrankungen der Verdauungsorgane führen.

Das Bedürfnis nach bedingungsloser Liebe

Wenn wir uns erfolgreich in der Welt bewiesen und behauptet haben, sehnen wir uns danach, diese Errungenschaften mit jemandem zu teilen. Häufig suchen wir in der Lebensphase als junge Erwachsene eine feste Partnerin bzw. einen festen Partner, mit dem wir uns zusammentun können. Wir möchten jetzt nicht nur in der lockeren Gemeinschaft mit anderen zusammen sein, sondern einen Raum haben, in dem wir uns so geben können, wie wir sind, ohne Angst vor Zurückweisung haben zu müssen. Unser tiefes Bedürfnis ist es, geliebt zu werden, was immer wir tun. Wir wünschen uns, dass die Person, die uns nahesteht, mit uns durch dick und dünn geht, durch gute und durch weniger gute Zeiten, dass sie zu uns hält, auch wenn wir einmal einen Fehler machen sollten. Im Idealfall öffnen wir unser Herz ganz weit und erleben auch die Sexualität viel erfüllender als wir sie auf der Ebene des Sakralchakras erfahren können. Es gibt keine Abhängigkeiten, sondern wir sind aus freiem Willen heraus zusammen, nur weil wir einander etwas schenken möchten, nämlich uns selbst. Vielleicht bekommen wir in dieser Lebensphase ein Kind, eine zusätzliche wunderbare Möglichkeit, unser Herzchakra noch weiter zu öffnen.

Ausgeprägte Herzensqualitäten lassen uns auch anderen Menschen gegenüber tolerant und großmütig sein. Wir bewerten und verurteilen sie nicht, sondern versuchen, sie in ihrer Andersartigkeit zu unterstützen. Wir helfen, ohne uns aufzuopfern, sondern einfach, indem wir ihnen in Liebe begegnen. Das funktioniert ohne jede Anstrengung, denn Liebe ist unendlich viel vorhanden. Mit offenem Herzchakra können wir gar nicht anders fühlen, denken und handeln, als jedem, der uns begegnet, Raum zu geben, in dem er so sein darf, wie es ihm entspricht. Menschen mit offenem Herzchakra sind prädestiniert dafür, als Lehrer, Erziehungspersonen oder in der Krankenpflege zu arbeiten. Eben diese Herzenswärme, die die ihnen Anvertrauten als so wohltuend empfinden, macht den Unterschied zu Gleichqualifizierten aus, denen diese Wärme fehlt. Die Betroffenen spüren, dass weder Berechnung noch Pflichterfüllung der Antrieb für das Handeln dieser Menschen ist, sondern Mitgefühl, Fürsorge und Liebe.

Wenn wir diese Bewusstseinsstufe erreicht haben, sind wir in der Mitte unserer Möglichkeiten als ErdenMensch angekommen. Das energetische Herz bildet das vierte und damit mittlere der sieben Hauptchakren. Das Herz ist von dem größten magnetischen Feld im Körper umgeben, das dasjenige des Gehirns um das 500–5.000-fache an Stärke übertrifft und von anderen Menschen noch über mehrere Meter hinweg entfernt wahrgenommen wird. Rein physisch verfügt es über eine neuronale Struktur, die der des Gehirns ähnelt. Wenn es gut läuft, kommunizieren Herz und Gehirn gleichberechtigt miteinander. Neben der dualen Denkweise unseres Gehirns macht auch die intuitive und verbindende Qualität unseres Herzens uns zu wahrhaft menschlichen Wesen. Wenn wir in dieser Zeit alles aus vollem Herzen tun, voller Liebe, Mitgefühl, Wärme und Hingabe werden wir diese Eigenschaften Zeit unseres Lebens behalten und uns noch weiter entwickeln können.

Wenn wir „hartherzig“ sind, verschließen wir uns diesen Qualitäten, können nicht annehmen und auch nicht geben, haben Probleme, uns auf andere Menschen einzulassen, leiden an Einsamkeit und dem Gefühl der Isolation. Manchmal können sich die Gefühle nicht einmal im Inneren entfalten, und wir wirken gefühlskalt und vielleicht sogar feindselig auf unsere Umwelt. Wenn die Blockade des Herzchakras geringer ist, spüren wir, dass etwas mit uns nicht in Ordnung ist, geben uns betont freundlich, hilfsbereit und tolerant, Eigenschaften von Menschen, die auch wirklich aus dem Herzen heraus agieren. Aber etwas Entscheidendes fehlt: die Tiefe, die aus dem Herzen kommt. Unser Verhalten bleibt seltsam unverbindlich, an der Oberfläche und unsere Mitmenschen sind verwirrt. Sie finden uns „nett“, spüren aber gleichzeitig, dass dies nicht wirklich von innen kommt, irgendwie nicht stimmig ist.

Körperlich können bei Blockaden des Herzchakras, Herzprobleme auftreten, die Lungen oder der Kreislauf gestört sein. Neben diesen wesentlichen Organen und Funktionskreisen des menschlichen Körpers hängen auch Arme und Hände, Schultern und die Brustwirbelsäule mit dem Herzchakra eng zusammen. Das Herzchakra reguliert den Tastsinn und ist auch dafür verantwortlich, wie gern wir uns von anderen Menschen berühren lassen bzw. sie berühren. Auch hinter vielen Hautproblemen verbirgt sich die Hemmung, anderen Menschen körperlich nahe zu kommen. Das Herzchakra steht auf hormoneller Ebene eng mit der Thymusdrüse in Verbindung. Sie ist dafür zuständig, dass unser Immunsystem gut funktioniert, wir Infektionen, Allergien und Krebserkrankungen genügend Abwehrkräfte entgegenbringen können.

Das Bedürfnis nach kreativem Ausdruck

Wir haben inzwischen Vieles im Leben erfahren. Wir wissen, wie es ist, wenn wir einen guten Kontakt zu unserem Heimatplaneten haben und materiell versorgt sind, wir haben die Gemeinschaft mit anderen Menschen erlebt und gelernt mit den darin herrschenden Gesetzmäßigkeiten umzugehen, wir haben unsere eigene Persönlichkeit entwickelt, uns behauptet und durchgesetzt und wir haben zwischenmenschliche Beziehung auf einer anderen Ebene erfahren, der Ebene des Mitgefühls und der Liebe. Wir haben uns zu einem Herzensmenschen entwickelt. Nun treten wir in eine neue Qualität hinein. Wir steigen ein in das erste der drei oberen Chakren, die uns mit den höheren Bewusstseinsebenen in Verbindung bringen.

Es ist an der Zeit, das Erlernte in etwas Kreatives umzusetzen. Wir sind nun 28 Jahre alt. Vielleicht haben wir Lust, eine Firma zu gründen? Vielleicht fühlen wir uns berufen zu künstlerischem Schaffen? Besonders als Musiker, Schauspieler oder Schriftsteller können wir unsere Wahrheit kommunikativ zum Ausdruck bringen. Vielleicht bauen wir auch ein Haus nach unserem ganz eigenen Stil? Einerlei, wir haben das Bedürfnis, uns selbst in der Welt auszudrücken. In dieser Phase tritt das Wir-Gefühl wieder ein bisschen in den Hintergrund, denn wir möchten ja gerade unsere Individualität kommunizieren, die Art und Weise, wie nur wir die Dinge sehen und erleben.

Wir sind uns unserer Einzigartigkeit bewusst und erleben diese als ein Geschenk. Die Ebene, so sein zu wollen, wie alle anderen, bloß nicht aus der Reihe zu tanzen, liegt weit hinter uns, es war die Ebene des Sakralchakras. Jetzt stehen wir souverän über diesem „zwischenmenschlichen Hickhack", haben möglicherweise Führungsqualitäten entwickelt und stellen die Weichen für eine gehobene berufliche Position. Hier können wir unser Bedürfnis nach Kommunikation mit anderen und zu deren Wohle erfüllen. Wir haben klare Vorstellungen und können diese unmissverständlich aber doch nicht ohne Gefühl an den Mann und die Frau bringen. Dabei gehen wir unter Umständen ungewohnte Wege und sind in der Lage, diese wortgewandt gegenüber unseren Mitmenschen zu vertreten.

Wie alles im Leben, hat auch dies zwei Seiten. Wir können das alles zum Wohle der anderen tun, oder wir können die genannten Fähigkeiten missbrauchen, um andere zu manipulieren. Häufig wollen wir tatsächlich von unserer eigenen Wahrheit überzeugen. Aber dies ist nicht immer die Wahrheit der anderen. Diese haben möglicherweise Erfahrungen gemacht, die sich von den unsrigen unterscheiden und wurden dadurch ganz anders konditioniert. Dem vom Halschakra geprägten Menschen fällt es manchmal schwer, dies zu akzeptieren.

Bei Blockaden des Halschakras kann es zu Heiserkeit und Sprechstörungen kommen bis hin zum Stottern. Wenn dieses Energiezentrum nicht ausreichend entwickelt ist, sind wir oft schüchtern und haben Hemmungen, uns zu Wort zu melden und unsere Meinung zum Ausdruck zu bringen. Manchmal haben wir auch Sprachschwierigkeiten, das heißt, wir wissen nicht, wie wir unsere Gedanken und Gefühle in Worte kleiden sollen. Auf körperlicher Ebene sind wir anfällig für Probleme im Hals-, Kiefern- und Nackenbereich bis hin zu den Schultern und Ohren.

Das Halschakra stellt die Brücke zwischen den Herzensqualitäten und den seelisch-geistigen Dimensionen des Menschseins dar. Damit nimmt es eine wichtige Vermittlerrolle ein zwischen Gefühl und Spiritualität, zwischen der materiellen und der immateriellen Welt. Das Bedürfnis nach Kommunikation, die diese Lebensphase dominiert, richtet sich nicht nur nach außen, sondern auch nach innen. Wir nehmen Kontakt zu unserem Unterbewusstsein auf und beginnen verstärkt, auf die Botschaften unserer inneren Führung zu lauschen. Damit stehen wir an der Schwelle zu einer weiteren in uns Menschen angelegten Bewusstseinsebene.

Das Bedürfnis nach Erkenntnis

Wenn unsere Entwicklung im Alter von Mitte Dreißig an unserem Stirnchakra angelangt ist, haben wir bereits einen gewissen Grad an Weisheit erlangt. Wir beginnen uns für Dinge zu interessieren, die jenseits der vermeintlichen Realität liegen. Wir lassen die materielle Welt ein Stück weit hinter uns, um uns mit uns selbst auseinanderzusetzen. Wir kommen bewusst zur Ruhe, meditieren, entwickeln Visionen und treten ein in einen neuen, bisher unbekannten Raum, den Raum dessen, was sein könnte, den Raum der Möglichkeiten. Für uns selbst und für die Welt streben wir nach Verbesserungen, Fortentwicklung, Evolution. Mit einem gut ausgebildeten Stirnchakra verfügen wir über Klarheit der Gedanken, ausgeprägte Phantasie und scharfe Sinne. Wir hören, sehen, fühlen, riechen und schmecken außergewöhnlich gut und benötigen oft bis ins hohe Alter keine entsprechende Seh- bzw. Hörhilfe. Unter Umständen nehmen wir Dinge wahr, die jenseits der allgemein zugänglichen Realität liegen. Wir mögen hellsichtig, hellhörig oder hellfühlig sein, oder unsere Intuition ist außergewöhnlich gut entwickelt. Wenn wir in uns hineinhören, bekommen wir Hinweise auf die tiefen Fragen unseres Lebens. Wir kommen in Kontakt mit unserer Seele, unserem höheren Selbst, unserer Bestimmung, wie immer wir das nennen möchten. Wir gelangen zur (Selbst)erkenntnis.

Der vom Stirnchakra geprägte Mensch gerät manchmal in die Gefahr, sich zu sehr von anderen Menschen und der materiellen Welt zu entfernen. Nicht alle können seinen Visionen und Phantasien folgen, und er wird leicht von den anderen als abgehoben, ja „spinnert“ empfunden. Daraus können Isolation und Einsamkeit erwachsen. Es können sich irrationale Ängste oder ein Gefühl von Sinnlosigkeit entwickeln. Zur wahren Reife gelangt ein solcher Mensch, wenn auch die übrigen, darunter liegenden Chakren gut entwickelt sind. So kann er alle menschlichen Bewusstseinszustände nachempfinden und verliert nicht den Kontakt dazu, was die anderen Menschen in ihrem Leben so bewegt.

Ist das Stirnchakra blockiert, leiden wir unter Konzentrationsschwäche. Wir haben Schwierigkeiten, mit der Flut der Gedanken umzugehen und diese in geordnete Bahnen zu lenken. Es fällt uns schwer, bei einem Gedanken zu bleiben und diesen konsequent zu verfolgen. Das kann trotz hoher Intelligenz zu einer ausgeprägten Lernschwäche führen. Meist sind wir unter diesen Umständen auch nicht in der Lage, unsere gedanklichen Aktivitäten zu beruhigen, um zu meditieren. Es kann zu Kopfschmerzen oder Migräne kommen. Augenleiden, Seh- und Hörschwäche, Schnupfen und Nebenhöhlenerkrankungen können die Folge eines unterentwickelten Stirnchakras sein. In Extremfällen können sich Geisteskrankheiten und Schizophrenie bilden.

Das Bedürfnis nach Erleuchtung

Wenn wir uns selbst erkannt haben, streben wir weiter zur Vollendung unserer Existenz als Mensch. Wir möchten uns jetzt über unser eigenes Selbst hinaus verwirklichen. Wir möchten Spiritualität und tiefe mystische Erfahrungen erleben. Jenseits der Niederungen der materiellen Welt und ihrer Unruhen möchten wir in tiefer Kontemplation und Meditation zum Einssein mit der Quelle gelangen. Wenn es uns gelingt, unser Scheitel- oder auch Kronenchakra voll zu entfalten, sprechen wir von Erleuchtung. Der erleuchtete Mensch lebt gern als Mönch oder spiritueller Lehrer, kann sich aber auch in jedem anderen Beruf zurechtfinden. Er lebt mehr als jeder andere in der irdischen Welt, hat aber erkannt, dass diese nicht die eigentliche Wirklichkeit widerspiegelt, sondern Illusion, Maya, wie es im Sanskrit genannt wird, ist. Er strahlt Ruhe und Güte aus, die auf andere Menschen anziehend wirkt und ihnen positive Energie verleiht. Somit kann er zum Katalysator werden und anderen Menschen den Weg zur Spiritualität weisen, ohne dies explizit beabsichtigt zu haben.

Ein schwach ausgebildetes Kronenchakra kann dazu führen, dass wir uns traurig fühlen, ohne einen äußeren Anlass dazu benennen zu können. Wir haben kein höheres Ziel, und das Leben erscheint uns sinnlos. Wir spüren, dass uns etwas fehlt, obwohl wir auf materieller Ebene alles erreicht haben mögen, was wir uns vorgenommen haben. Dieses Mangelempfinden kann sich bis zur Depression auswachsen.

Weitere Chakren

Über die beschriebenen sieben Chakren hinaus benennen manche Lehren weitere Energiezentren. Nach dem Aura-Soma®-Farbsystem gibt es noch das **Ananda Khanda** (zwischen dem vierten und fünften Chakra), und das **achte Chakra**, das seinen Sitz eine Handbreit oberhalb des Kopfes hat. Das Ananda Khanda wird mit der Farbe Türkis in Verbindung gebracht und ist der Sitz der Glückseligkeit. Es befindet sich zunächst im Bereich der Brust, rechts neben dem energetischen Herzen. Je weiter der Individuationsprozess des Menschen voran geschritten ist, je mehr nähert sich dieses Zwischenchakra dem Herzen und verschmilzt schließlich mit diesem zum „Smaragd des Herzens“. Das achte Chakra wird als Seelenstern bezeichnet und wird mit der Farbe Magenta assoziiert. Dort befindet sich nach dieser Vorstellung die Blaupause für den Plan, den unsere Seele in diesem und in allen anderen Leben verwirklichen möchte.

Nach anderen Erkenntnissen wird das transparente grasgrüne **Kalpa Taru** mit Sitz zwischen dem Solarplexus und dem Herzen erwähnt. Der Legende nach soll es aus der tantrischen Kunst kommen und die Süße des Lebens hervorbringen. Es wird auch als das Chakra der Manifestation bezeichnet. Wenn das Kalpa Taru aktiviert ist, werden dadurch auch alle anderen Chakren energetisiert und vitalisiert. Wir erfahren außerdem von verschiedenen Chakren weit oberhalb des Kronenchakras und Seelensterns, die uns mit dem Universum verbinden sollen.

Die großen Zyklen eines Menschenlebens

Betrachtet man die Entwicklung des Menschen auch anhand seines Lebensalters, wie wir es hier – bezogen auf die sieben Hauptchakren – getan haben, so ist der erste große Zyklus nun vollendet. Wir haben ein Alter von 49 Jahren erreicht. Wir blicken zurück auf unser bisheriges Leben. Das geschieht unbewusst und auch dann, wenn wir noch nie etwas von der Chakralehre gehört haben. Möglicherweise sind wir nicht zufrieden mit unserem bisherigen Leben, meinen, vieles nicht erreicht zu haben. In diesem Fall kommen wir in die sogenannte Midlifecrisis. Wir bekommen eine Art „Torschlusspanik" und steigen aus unserem bisherigen Leben aus. Wenn wir uns wirklich dabei von Grund auf neu orientieren, mag das eine gute Chance sein, uns aus Verhaltensmustern zu befreien, die uns nicht mehr dienlich sind. Dazu ist es allerdings nicht damit getan, den Partner oder die Partnerin zu wechseln und vielleicht einen neuen Job anzunehmen, sondern wir müssten uns selbst aus der Tiefe heraus transformieren, alte Konditionierungen, die bisher unser Leben bestimmt haben, überwinden und uns endlich auf die Suche nach uns selbst begeben. Mit oder ohne Midlifecrisis, am Ende des ersten großen Zyklus bekommen wir eine zweite Chance. Wir durchlaufen alle Bewusstseinsebenen ein zweites Mal, doch diesmal auf einer höheren Ebene.

Auch wenn sich unsere Ausrichtung in erster Linie auf ein bestimmtes Chakra richten mag, so müssen wir doch alle Ebenen durchlaufen. Es ist nicht zielführend, sich beispielsweise direkt der Spiritualität zu widmen, ohne zuvor die sechs unteren Chakren durchlebt zu haben. Wenn wir mit einer Ebene meinen, abgeschlossen zu haben, so bedeutet das nicht, dass die damit zusammenhängenden Themen ein für allemal erledigt sind. Sie werden sich unter Umständen zu einem späteren Zeitpunkt wieder zu Wort melden, wenn auch auf einer höheren Ebene. Auch sind nicht alle beschriebenen Bedürfnisse bei jedem Menschen gleich stark ausgeprägt. Wir mögen auf der Ebene des Sakralchakras im Zusammenleben mit unseren Mitmenschen zufrieden sein, wir mögen ein offenes Herz haben und anderen mit großer, bedingungsloser Liebe begegnen, oder unser Streben mag allein der Selbsterkenntnis gelten. Alles ist gleich wichtig, gleich gut.

Jeder von uns hat eine Lernaufgabe in diesem Leben, ob uns das nun bewusst ist oder nicht. Wenn wir uns den Hinweisen gegenüber öffnen, führt uns unsere Ausrichtung genau zu den Lebensbereichen und Bewusstseinsstufen, in denen wir diese Aufgabe am besten erledigen können. Wir werden aber auch mit den Dingen konfrontiert, die uns am meisten Probleme bereiten, wir bekommen die Chance, uns diesen zu stellen und daran zu wachsen.

Die sieben Körper des Menschen

Die beschriebenen Chakren bilden jeweils Eingangstore zu den verschiedenen mehr oder weniger feinstofflichen Körpern, die zusammen unseren menschlichen Lichtkörper bilden. Manchmal wird dieser auch als Aura oder Astralleib bezeichnet. Sie dienen quasi als Hüter des dort gespeicherten Wissens. Indem wir sie aktivieren, aktivieren wir auch unseren Zugang zu dem dort gespeicherten Bewusstsein. Dies können wir zum Beispiel durch die Unterstützung der natürlichen Farbgebung der Chakren tun (vgl. Kapitel über Aura-Soma® s. Seite 164) oder auch durch Handauflegen, Massage, Atemübungen oder Vokaltönen, um hier nur einige Möglichkeiten anzusprechen. Zugang zu diesem Bewusstsein zu erlangen, hilft uns, uns selbst zu erkennen. Meist geschieht dies Stückchen für Stückchen, indem wir immer gerade das Thema angehen, was sich in unserem äußeren Leben bemerkbar macht. So setzen wir inneres Wissen frei und nähern uns unserem eigentlichen Wesenskern, unserer inneren Weisheit.

Diese Weisheit haben wir jenseits von jedem Zeitgeist in der gesamten Lebenszeit unserer ewigen Seele erworben, und sie unterstützt uns dabei, die gerade anstehenden Themen/Probleme in diesem Erdenleben zu meistern. Sie liegt nicht auf der unmittelbar für uns zugänglichen Oberfläche, darf geweckt und erkannt werden. „Wissen ist Macht" lautet ein alter Spruch. In diesem Zusammenhang bekommt er eine ganz andere Bedeutung: Wissen über unser Selbst ermöglicht uns, es optimal für unser Leben zu nutzen und einzusetzen. Unser Selbst erlangt so Macht über unser Ego. Häufig erleben wir es umgekehrt. Wir identifizieren uns mit unserem Ego, unserem kleinen Ich, und mit ihm mit den vielen Rollen unseres äußeren Lebens. In diesem Fall beherrscht unser Ego unser Leben.

Die Freilegung des hier gemeinten Wissens ist vergleichbar mit der Nutzung eines Internetportals. Wenn wir etwas über ein Thema wissen möchten, googeln wir es. Wenn wir etwas über uns selbst wissen möchten, aktivieren wir unsere Chakren und erhalten Zugang zu dem in den feinstofflichen Körpern gespeicherten bzw. abgelegten Wissen. Im Unterschied zu den von vielen Faktoren abhängigen und damit relativen Internetinformationen, ist dieses jedoch zeitlos, losgelöst von momentanen Strömungen und dem Zeitgeist. Es handelt sich um das Wissen der ewigen Gegenwart (im Sanskrit als „sat" bezeichnet), nicht der relativen Zeitabfolge von Vergangenheit, Gegenwart und Zukunft.

Aber auch hier gilt es, aus der Fülle der Informationen die passendste herauszusuchen, die uns für diesen einen Anwendungszweck am meisten dienlich ist. Die Herausforderungen unseres Lebens wollen uns hinführen zu diesem Schatz, der da auf unseren feinstofflichen Hüllen gespeichert ist. Sie tauchen auf, wenn dort etwas aus dem Gleichgewicht geraten ist, denn sie sind ein Spiegel unserer selbst (Drittes kosmisches Gesetz). Aber auch umgekehrt funktioniert das System. Die Informationen unserer höheren Aurahüllen helfen uns, uns zu erkennen. Das geschieht, wenn wir ihre Botschaft verstanden haben und dort suchen, wo wir fündig werden können.

Unser Lichtkörper besteht aus sieben Schichten, die sich gegenseitig durchdringen. Diese Schichten werden von innen nach außen betrachtet immer feinstofflicher. Die einzelnen Körper dienen uns als Bewusstseinsträger. Die Qualität ihres Zustandes steht in direktem Zusammenhang zu dem Entwicklungsstand unseres Bewusstseins als menschliches Wesen. Auch hat der Zustand jedes einzelnen Körpers eine entscheidende Wirkung auf alle übrigen. Nach der Chakralehre unterscheiden wir von der innersten grobstofflichsten ausgehend hin zur feinstofflichsten Ebene die folgenden verschiedenen Auraschichten:

Der physische Körper

Der niedrigste Bewusstseinsträger ist unser physischer Körper, die für jeden sichtbare zur Materie verdichtete Energie, die unsere sterbliche Hülle darstellt. Der physische Körper ist ein Wunderwerk der Natur. Er funktioniert über zwei unterschiedliche Nervensysteme, dem als sympathischen System bezeichneten unwillkürlich funktionierenden und dem willkürlichen Nervensystem, mit dessen Hilfe wir uns auf körperlicher Ebene bewegen und fühlen können. Das unwillkürliche Nervensystem steuert, von uns normalerweise unbemerkt, alle automatischen Körperabläufe wie Atmung, Herzschlag, Blutkreislauf und Verdauung. Durch intensive Übung vermögen Hatha-Yogi auch diese Abläufe zu beeinflussen und ihrem Willen zu unterwerfen. Die Abläufe des willkürlichen Nervensystems vollziehen sich über komplexe Kommunikationsvorgänge zwischen Gehirn und Nerven bzw. Nervensträngen.

In diesem Zusammenspiel ist die materialistische Auffassung begründet, Gedanken und Gehirntätigkeit seien voneinander abhängig. Bezogen auf die physische Ebene ist diese Sichtweise zutreffend. Neben den Nerven gibt es unzählige Zellen, Atome und Moleküle, die als eigenständige Kleinstteilchen am Funktionieren des gesamten Organismus ihren Anteil haben. Sie schließen sich zugunsten eines höheren Zwecks zu Funktionseinheiten zusammen und interagieren über chemische und physikalische Prozesse. Das Individuum Mensch kann alle diese Funktionen durch eine gesunde Lebensweise unterstützen und fördern und hat somit einen Anteil am reibungslosen Funktionieren der gewünschten Abläufe innerhalb seines Körpers.

Die ätherische Hülle

Die ätherische Hülle wird auch das ätherische Doppel genannt, in dem sich die körperlichen Empfindungen wie z. B. Hunger, Durst, Hitze-Kälte-Empfindungen abspielen. Es handelt sich um den ätherischen Doppelgänger des physischen Körpers, der körperliche Veränderungen in Muskeln und Nerven mit elektrischen Vorgängen begleitet.

Die emotionale Hülle

Die emotionale Hülle speichert Gedanken, Gefühle, Wünsche und Träume des niederen Egos. Die Wahrnehmungen über unsere fünf Sinne und Gemütsstimmungen beeinflussen diese Auraschicht, die manchmal auch als Astralkörper bezeichnet wird. Mit ihm sind wir mit den astralen Welten unserer Träume und der Verstorbenen verbunden. Der astrale Leib verlässt unseren physischen Körper im Schlaf und schwebt über diesem. Wenn er höher entwickelt ist, kann er andere Orte und Personen, die sich weit entfernt befinden, aufsuchen. Manchmal erinnern wir uns nach dem Aufwachen an diese Erlebnisse, doch häufig vergessen wir sie auch. Dennoch kann unser Astralleib aktiv wirken, während unser physischer Körper sich ausruht. Auch deshalb ist ein gesunder Schlaf eine wichtige Angelegenheit.

Bei Menschen, die ihren physischen Körper nicht zu stark verunreinigen und die sich neben ihrem Alltagsleben auch mit geistigen Inhalten auseinandersetzen, wirkt er geordnet und strukturiert. Seine Farben sind für Hellsichtige wahrnehmbar. Sie sind einem ständigen Wandel unterworfen, je nach unserer jeweiligen Stimmung. Wenn wir den physischen Körper und seinen ätherischen Doppelgänger nach dem Tod ablegen, bewegen wir uns zunächst einmal in den astralen Ebenen. Dieses wiederum besteht ebenfalls aus sieben Ebenen, die sich in unterschiedlichen Aggregatszuständen befinden. Je nach Zustand des Emotionalkörpers durchwandert er diese einzelnen Unterschichten mit unterschiedlicher Dauer. Ist er gut entwickelt, landet er sehr bald in der jeweils höheren Schicht.

Dieser wichtige Bewusstseinsträger hat nicht nur einen Einfluss auf unser jetziges Erdenleben, sondern auch auf alle übrigen Wesen, die wir einmal waren und die wir einmal sein werden. Alle unsere Leben sind miteinander verknüpft und können nicht isoliert betrachtet werden. Auch wenn das für uns nur schwer vorstellbar ist, gibt es in Wirklichkeit keine Vergangenheit und keine Zukunft, sondern all dies geschieht hier, jetzt und gleichzeitig.

Die mentale Hülle

Die mentale Hülle entspricht den lichteren Ebenen der Persönlichkeit. Hier finden wir geistige Klarheit, Willens- und Entscheidungskraft. Der Mentalkörper ist das Werkzeug des Egos und des Denkers. Er ist der Urheber des Denkens, jenes Bewusstseins, das sich als „Ich" ausdrückt. Das „Ich" ist illusorisch, aber es ist das einzige „Ich", das die meisten von uns kennen. In dieser Ebene manifestiert sich das Selbst als Intellekt. Zusammen mit dem Wachstum des Menschen selbst nimmt auch er an Größe und Aktivität zu. Mit zunehmender Fortentwicklung durchdringt er den physischen und den astralen Körper und umgibt diese beiden mit einer strahlenden Atmosphäre.

Wir können unseren Mentalkörper durch Konzentrationsübungen schulen. Das funktioniert, indem wir unseren Gedanken nicht mehr erlauben, ziellos umherzuschweifen, sondern sie fixieren und auf einem Punkt festhalten. So können wir folgerichtig denken lernen, unseren Gedanken eine konsequente Linie ermöglichen, in der jedem festgehalten Gedanken ein weiterer sich daraus ergebender folgt. So entwickelt sich der Verstand zu einem uns dienlichen Werkzeug. Im Erscheinungsbild des Mentalkörpers zeigen sich klarere und bestimmtere Umrisse als bei Ungeübten. Auf diese Weise können wir in unserem jetzigen Leben Material sammeln und somit die Saat für das nächste Leben bereiten. Gemäß dem Gesetz von Ursache und Wirkung (Karma) ernten wir diese intellektuellen Eigenschaften dann spätestens beim nächsten Mal.

Die kausale Hülle

Die kausale Hülle ist die letzte Hülle, die uns mit den irdischen Aspekten unseres Wesens verbindet und gleichzeitig die Verbindung zu den göttlichen Aspekten unseres Seins schafft. Hier ist die reine Glückseligkeit zu Hause. Der Kausalkörper trägt diesen Namen, weil in ihm alle Ursachen für die Wirkungen auf den niederen Ebenen wohnen. Er stellt den Formaspekt der Individualität des eigentlichen Menschen dar. Hier werden jede Empfindung und jeder Gedanke gesammelt, die aus den unteren Ebenen heraufgereicht werden. Am Kausalkörper eines Menschen ist ablesbar, wie weit seine Entwicklung gediehen ist. Er ist gewissermaßen die Signatur für das Wachstum seines Trägers. Für Hellsichtige ist er sichtbar, andere Menschen nehmen die Ausprägung unbewusst wahr. Ein gut entwickelter Kausalkörper wirkt kräftig, von schöner Farbe, lebhaft und strahlend. Dieser Glanz seiner Erscheinung kann getrübt werden, sofern die Schwingungen des Egos und Intellekts, die aus dem Mentalkörper von unten in ihn eindringen, nicht reiner Natur sind, sondern egoistisch bedingt. Der Mentalkörper zeigt an, inwieweit der Mensch im Einklang mit den kosmischen Gesetzen denkt und handelt. Er speichert diese Informationen ewig, das heißt über unseren physischen Tod hinaus.

Die Seelenhülle

Die Seelenhülle entspricht dem geistigen Licht und dem kosmischen Urklang des Individuums. Sie ist anders als die ersten fünf Aurahüllen auch von hellsichtigen Personen nicht mehr wahrnehmbar. Sie wird auch Weisheitsgeist genannt. Hochentwickelte Menschen und Yogis können in diesen Körper der Seligkeit übergehen und darin die ihrem eigenen Bewusstsein zugrunde liegende Einheit erleben. Damit erfahren sie erstmals, was sie zuvor nur mit ihrem Verstand glauben bzw. als wahr erfühlen konnten. In diesem Bewusstseinsraum erfahren wir die Einheit mit allem, was ist, ohne unser Selbstbewusstsein aufzulösen.

Die kosmische/göttliche Hülle

Die kosmische Hülle ist die Ebene des göttlichen Selbst. Wer das allgegenwärtige Sein erfahren hat, ist erleuchtet. Er muss nach der Lehre des Buddhismus nun nicht mehr in einen materiellen Körper inkarnieren. Das Rad der Wiedergeburt ist für ihn zum Stillstand gekommen.

Unsere sechs feinstofflichen Körper sind für die meisten von uns zwar nicht sichtbar, dennoch aber zählen sie zur Materie. Die Seele, so sagt man, sei nicht stofflich, sei ewiges Leben, auch wenn die Eigenschaften des Kausalkörpers im Aufenthaltsort der Seele nach dem physischen Tod des Menschen erhalten bleiben. Folglich muss die Seele noch etwas anderes sein und sich nicht in Form der beschriebenen Auraschichten manifestieren. Aber was, so fragen wir mit Recht, ist dann die Seele?

Seele

Wir haben uns bei der Betrachtung der sieben Energiezentren (Chakren) unsere Bedürfnisse als ErdenMenschen angesehen, und wir haben eine Ahnung davon bekommen, dass die Träger unseres Bewusstseins unsere sieben Körper sind. Aber wo nun kommt dieses Bewusstsein her, das sich in unserem Wesen auf die beschriebene Art und Weise manifestiert?

Unsere feinstofflichen Körper fungieren als Träger, ähnlich der Festplatte eines Computers oder einem USB-Stick, unser Gehirn ist als Teil des grobstofflichen Körpers eine Schaltstelle unglaublicher Komplexität. Wir können es mit der Chipkarte unseres Computers vergleichen. Der Bildschirm und die Lautsprecher machen das Verarbeitete wahrnehmbar. Sie entsprechen unserem Gesichts- und Gehörsinn. Doch die Software, das Programmierte selbst, hat noch eine andere Quelle. Beim Computer kennen wir sie. Wir können verschiedene Programme erwerben, die uns für die Erfüllung unterschiedlicher Zwecke dienlich sind, und wir wissen, diese Programme sind in großen Firmen von vielen schlauen Menschen erdacht und erarbeitet worden.

Doch was und wo ist der Ursprung unserer menschlichen Software, unseres Bewusstseins? Diese Frage berührt unsere spirituelle Identität. Der Mensch ist nicht nur ein biologisches und psychisches Wesen, sondern ein Geistwesen, eine spirituelle Seele. Diese Seele ist ewig, ganz genauso wie ihr Ursprung, nämlich Gott, ewig ist. Und ihre Existenz ist unabhängig von dieser unserer Hardware, unserem Körper ebenso wie die Computerprogramme unabhängig von einem bestimmten Computer sind.

Doch wo nun befindet sich diese nicht stoffliche Seele, solange wir als Menschen auf der Erde leben? Niemand kann das wirklich wissen, und unsere heutige Wissenschaft ist noch nicht in der Lage, dies zu erforschen. Allerdings haben Mediziner einen speziellen Punkt im Inneren des Herzens bemerkt. Wenn sie ihn während einer Operation am offenen Herzen berühren, so ist der Mensch sofort tot. Drunvalo Melchizedek spricht in seinen Büchern und geführten Meditationen vom *heiligen Raum des Herzens*, der uns mit Mutter Erde und Vater Himmel verbinde. Karl Gamper bezeichnet den Sitz der Seele in seinem NeuLand-Kurs als die *geheime Kammer unseres Herzens*, und im Aura-Soma-Farbsystem wird dieser Ort als *Herz im Herzen* bezeichnet (s. Kapitel feinstoffliche Anatomie S. 169). Diese und andere Äußerungen deuten darauf hin, dass unsere Seele also tatsächlich in unserem Herzen zu Hause ist, solange wir als Menschen lebendig sind.

Vorstellungen von der Seele in Mythologie und Religion

Die großen Weltreligionen stimmen darin überein, dass das Leben nach dem physischen Tod nicht zu Ende ist. Auch wenn sie dabei teilweise unterschiedliche Vorstellungen vertreten, so sind sie sich doch in diesem entscheidenden Punkt einig. Auch die Vorstellungen der Ägypter, Griechen und Römer in der Antike gehen allesamt von einem Leben nach dem Tod aus. Ebenso vertreten die Schamanen der indigenen Völker diese Auffassung. Alle haben sie erfahren und erkannt, dass es dieses Ewige, dieses Unabhängige von unserer Existenz als Mensch in diesem einen Leben gibt.

Einige Passagen in den nun folgenden Kurzbeschreibungen religiöser Vorstellungen stellen meine ganz persönliche Interpretation der jeweiligen Auffassungen dar, die möglicherweise nicht von den offiziellen Vertretern der genannten Religionen geteilt werden. Ich wende mich damit bewusst der theistischen Sichtweise zu. Sie findet ihren Ausdruck in dem Glauben an einen Gott, der nicht von bestimmten Religionen als der „einzige“ vereinnahmt wird, der gleichermaßen für alle Menschen unabhängig von ihrer Religionszugehörigkeit „zuständig“ ist, der sich nicht ungefragt in unser persönliches Leben einmischt und der uns den freien Willen lässt, den freien Willen für unsere ureigenste Entscheidung.

Wenn wir zum Ursprung aller der genannten Religionen zurückkommen, können wir nicht nur Trennendes, sondern auch viele Gemeinsamkeiten erkennen. Das Menschheitswissen um die unsichtbaren Welten und darüber, dass wir Menschen ewige Lichtwesen sind, findet sich im Ursprung aller Religionen wieder. Allerdings wird uns dieses Wissen von offiziellen Religionsvertretern oft vorenthalten. Wer bis vor einigen Jahrhunderten auf christlichem Boden an Reinkarnation glaubte, musste mit Verfolgung, Folter und physischem Tod rechnen. Über die Beweggründe können wir spekulieren. Doch sie scheinen denen der Atheisten nicht unähnlich zu sein.

Das alte Ägypten

Nach den Vorstellungen der Ägypter war der Mensch ein komplexes Wesen aus zahlreichen, teils stofflichen, teils nicht stofflichen Komponenten. Da die Ägypter glaubten, dass unsere Existenz nach unserem physischen Tod nicht endet, der Erhalt des ursprünglichen Körpers jedoch die Voraussetzung für unsere bleibende Existenz lieferte, entwickelten sie einen aufwendigen Totenkult, der den einzelnen Wesensanteilen des Menschen ein Weiterleben ermöglichte. Es musste dafür gesorgt werden, dass die Seele in den ursprünglichen Körper des Verstorbenen zurückkehren konnte. Deshalb wurden die Leichen mumifiziert, so dass der tote Körper nicht verweste. Opfergaben und Grabbeigaben waren ebenfalls notwendig, um ein Weiterleben zu ermöglichen.

Die Ägypter glaubten, dass der grobstoffliche Körper eines Lebenden aus den Bestandteilen Name (Ren), Leib (Chet) und Schatten (Schut) bestand. Die Seele (Ba) bildete zusammen mit der Lebenskraft (Ka) und der Verbindung von Ka und Ba (Ach), die geistigen Anteile des Menschen. Man nahm an, dass die Lebenskraft eng mit dem physischen Körper verbunden war und in den Büsten und Abbildern des Verstorbenen als personifizierter Schutzgeist weiterlebte. Oft wurde Ka symbolisch als schwarze menschliche Gestalt mit angewinkelten erhobenen Armen dargestellt. Ba, die Seele, wurde als Vogel mit Menschenkopf abgebildet. Sie konnte den Körper verlassen und ins Jenseits eingehen. Allerdings musste auch sie von Zeit zu Zeit in die körperliche Hülle des Verstorbenen zurückkehren. Ach trat nach Ägyptischer Vorstellung als Ibis mit dunklem Schopf auf. Seine Aufgabe war es die Totenruhe und die Grabstätte selbst zu bewachen sowie das Ansehen des Verstorbenen zu wahren.

Die jenseitige Welt wurde als „Duat“ bezeichnet und in seiner Gesamtheit dem Existenzbereich der Götter gleich gesetzt. Dort gab es einen dunklen und einen lichten Teil. Bevor der Verstorbene Zugang zum hellen Bezirk erhielt, musste er sich einer Prüfung durch das Totengericht unterziehen. Die Vorstellungen über den Ablauf der Zeremonie des Totengerichts wandelten sich im Lauf der Jahrhunderte.

Im alten Reich war dieses ausschließlich dem Pharao und seinen Vertrauten vorbehalten. Erst nach späteren Vorstellungen des mittleren und neuen Reiches galt es auch für gewöhnliche Ägypter als offen. Nach diesen jüngeren Vorstellungen betrat der Verstorbene unter dem Geleit des schakalköpfigen Gottes Anubis die „Halle der vollständigen Wahrheit“. Sein Herz wurde gegen die als Feder symbolisierte Göttin Maat aufgewogen. Thot, der Ibisköpfige Gatte Maats und Gott des Wissens, Schreibens und Berechnens, protokollierte die Geschehnisse vor Gericht. War das Herz des Verstorbenen so leicht wie die Feder Maat, wurde der vor Gericht Stehende von Horus, dem Sohn von Osiris, vor dessen Thron geführt, um durch ihn das Urteil entgegen zu nehmen. Nach positiv ausgefallenem Gerichtsurteil stand dem Toten der Kreislauf der Regenerierung offen, der immer wieder auch zurück in den abgelegten Körper führte. Nach nicht bestandener Prüfung fiel er dagegen der endgültigen Nichtexistenz anheim und das Herz wurde vernichtet. Ausschlaggebend für die gerichtliche Entscheidung war nicht in erster Linie die Lebensführung des Verstorbenen zu seinen Lebzeiten, sondern vielmehr seine Fähigkeit sich von seinen Sünden loszulösen. Es ging dabei um „die Umwandlung in einen gerechtfertigten Ahnengeist“ (Wikipedia: „Altägyptisches Totengericht“). Die körperliche Reinheit galt als Voraussetzung für die positive Entscheidung der 42 unter der Leitung von Osiris stehenden Totenrichter.

Das antike Griechenland

Nach der Vorstellung der „alten Griechen“ wurden die Seelen der Verstorbenen vom Götterboten Hermes an einen Fluss namens Styx geleitet. Um in die Unterwelt zu gelangen, mussten sie diesen dunklen Fluss zunächst mit Hilfe des Fährmanns Charon überqueren. Dieser erwartete die Seelen bereits am Ufer des Flusses. Diesen Dienst erwies er den Verstorbenen und deren Angehörigen jedoch nicht ohne Bezahlung. Man musste dem Toten zuvor entweder je eine Münze auf jedes Auge oder auf den Mund gelegt haben. Nur so konnte man sicher sein, dass die Seele in den Hades, die Unterwelt, gelangte. Andernfalls, wenn der Obolus nicht entrichtet werden konnte, musste die Seele des Verstorbenen am Ufer des Flusses verharren.

Der Hades durfte weder von noch lebenden Personen betreten noch von Verstorbenen verlassen werden. Damit dies sicher gestellt war, wurde er strengstens vom Höllenhund Zerberus bewacht, ein äußerst aggressives Wesen mit drei Köpfen. Herrscher der Unterwelt war der Totengott Hades, der Bruder des obersten Gottes Zeus, der wegen seiner Erbarmungslosigkeit von der Bevölkerung gefürchtet wurde.

Die unterste von drei Ebenen der Unterwelt war nach der Vorstellung im antiken Griechenland der Tartaros. Hier landeten Sünder und Verbrecher und hatten schreckliche Qualen zu durchleiden, und zwar bis in alle Ewigkeit, denn der Tartaros war in doppelter Hinsicht gesichert. Ein brennender Fluss und eine unüberwindbare Eisenmauer machten es den Seelen unmöglich, diesem Ort zu entfliehen.

Die mittlere Ebene der Unterwelt wurde das Reich der Schatten genannt. Sie erwartete diejenigen Seelen, die zu Lebzeiten weder in positiver noch in negativer Hinsicht besonders aufgefallen waren. Sie verweilten noch eine Zeit lang im Reich der Schatten und lösten sich dann einfach in nichts auf.

Elysion war die höchste Ebene der Unterwelt. Sie war Helden und Heiligen vorbehalten, die dort unter paradiesischen Bedingungen verweilen durften. Man stellte sich einen Ort mit wunderbaren Blumenwiesen und einem Fluss namens Lethe vor. Die Seelen der im Elysion gelandeten Helden tranken den Nektar aus diesem Fluss des Vergessens. Dadurch wurden ihre Erinnerungen an ihr irdisches Leben gelöscht. Diese flossen mit dem Strom des Wassers davon und die Seele war frei.

Die geschilderten Jenseitsvorstellungen im antiken Griechenland ähnelten denen, die etwas später bei den Römern anzutreffen waren.

In griechischer Zeit gab es diverse bedeutende Philosophen, die meistens gleichzeitig als Wissenschaftler und Mathematiker wirkten. Neben dem dargestellten Volksglauben entwickelten sie eigene, teilweise von diesem abweichende Vorstellungen.

> *Hast du denn nicht beobachtet, dass unsere Seele unsterblich und unzerstörbar ist?* (Platon)

Einer der wichtigsten Vertreter altgriechischer Philosophie ist Platon (428/427–348/347 v. Chr.), ein Schüler des Sokrates. Auch nach seinem Verständnis war die Seele unsterblich. Sie war in einem Körper gebunden, der ihr die klare Sicht auf die Dinge im Leben versperrte. Nach Ablegen der körperlichen Hülle durch den physischen Tod kehrte sie in den außerkörperlichen Kreislauf der Existenz zurück. Damit begann ein weiterer Teil der menschlichen Existenz, die ihm nun ermöglichte, die Welt klar und ungehindert vom Körper und seinen Emotionen und sonstigen Beschränkungen zu erkennen. Der Kreislauf der Existenz setzte sich fort, indem die Seele, die nun durch die Welt flog, wieder ihre Federn abwarf. So sank sie wieder zur Erde hinab, bis sie schließlich auf etwas Festes stieß, sesshaft wurde und sich wieder in ein Lebewesen verwandelte. Gott hatte nach Platons Vorstellung die Aufgabe, diesen Prozess zu ordnen, und handelte dabei nach Gesichtspunkten der Vernunft.

In Bezug auf die Frage nach dem Tod des Menschen zeigte Platon die Ansicht, dass Körper und Geist zu trennen seien. Der Körper stellte nach dieser Auffassung eher eine Belastung dar, die dafür verantwortlich zu machen sei, dass der Geist niemals im Leben zur wahren Weisheit gelangen könne. Die Beschränkungen durch die Körperlichkeit stellten für Platon Hindernisse auf dem Weg zur Erkenntnis dar. Erst durch den Tod trennten sich Körper und Geist voneinander und der nun reine Geist würde mit weiteren reinen Geistern zusammen sein. Erst durch Trennung werde der Geist zur Erkenntnis gelangen:

> *Und wird nicht eben das die Reinigung sein; dass man die Seele möglichst vom Leibe absondere und sie gewöhne, sich zu sammeln und zusammenzuziehen und so viel als möglich, sowohl gegenwärtig wie hernach, für sich allein zu bestehen, befreit von den Bannen von dem Leibe.*
>
> (Platon: Der Tod des Sokrates, Seite 13, Zeile 35–39).

Platons Schüler Aristoteles (384–322 v. Chr.) dagegen sah die Seele als die Entität, die bewirkt, dass einem natürlichen Körper das Prädikat „lebendig" zugesprochen werden kann. Seiner Meinung nach war die Seele kein eigenständiges Wesen, das unabhängig vom Körper existiert, sondern dessen Form, nicht trennbar von demselben. Aristoteles unterschied verschiedene Seelenvermögen, darunter die Ernährung, die Fortbewegung, die Wahrnehmung und die Vernunft. Er schrieb Pflanzen das vegetative, Tieren das sensitive und dem Menschen das intellektuelle Seelenvermögen zu, die Fähigkeit zur Vernunft.

Das Judentum

> *In den Sprüchen der Väter lernen wir: »Rabbi Jakow sagte: Die Welt ist nur ein Vorhof der künftigen. Im Vorhof mach dich bereit, auf dass du eingelassen werdest in den Festsaal« (4,21). Und weiter wird gelehrt: »Diese Welt ist wie der Vorabend des Schabbat, und die Olam Haba ist wie ein ewiger Schabbat. Wer am Vorabend des Schabbat Speisen zubereitet, wird am Schabbat zu essen haben. Durch das Studium der Tora und durch die Mizwot« (gute Taten) »bereiten wir uns auf die kommende Welt vor.«*
>
> *Gefunden in:*
> *http://www.juedische-allgemeine.de/article/view/id/17808*

Die zitierte Sichtweise zeigt, dass die Juden eine paradiesische Vorstellung über eine kommende Welt haben. Diese wird als messianisch oder auch als „Olam Haba" bezeichnet. Diese Welt entspricht keinem bestimmten Ort im Jenseits, sondern beschreibt eine Ära. Während die Christen in Jesus Christus ihren Messias erkannt haben, warten jüdische Menschen noch heute auf dessen Ankunft. Dies wird nach ihrer Vorstellung nach der Zerstörung der heute bekannten Welt und einer Tausendjährigen Ruhephase geschehen. Die dann anbrechende Ära wird gekennzeichnet sein durch paradiesische Zustände auf Erden. Es wird nach dieser Auffassung keinen Streit, keinen Krieg, keine

Krankheiten, keine Schmerzen und Plagereien mehr geben. Seele und Körper des Menschen leben dann im Einklang und in Harmonie und keine wie auch immer geartete Begrenzung macht uns mehr das Leben schwer. Dann können wir uns als Menschheit ganz und gar darauf konzentrieren, unsere endgültige Reife zu erlangen. Insbesondere die Pharisäer verstehen die gegenwärtige Welt als eine Art Vorzimmer des Olam Haba.

Die Seelenreise lässt sich im jüdischen Glauben in vier verschiedene Phasen unterteilen:

- Die geistige Seele, bevor sie in einen Körper eintritt
- Das physische Leben auf der Erde
- Das Verweilen der verstorbenen Seele in Gan Eden oder Gehinom
- Die kommende Welt

Gan Eden oder Gehinom bezeichnen eher innere Zustände der Seele und sind nicht vergleichbar mit den Vorstellungen von Himmel und Hölle im Christentum. Gan Eden ist ein Zustand von spiritueller Ganzheit. Die Seele befindet sich dort so nah wie möglich bei Gott. Sie verspürt unendlichen Frieden. Gehinom hingegen beschreibt den tiefen geistigen Schmerz, den eine Seele empfindet, sobald sie ihre schlechten Taten erkennt. Sie ist dort sehr weit von Gott entfernt. Diese Seelen sind aber nicht grundsätzlich verloren, da Schmerz und Einsicht sie reinigen. Der Talmud geht davon aus, dass die Seele nicht länger als elf Monate diese spirituellen Qualen erdulden muss. Eine Ausnahme bilden nur die Seelen von extrem bösen und schlechten Menschen, die diesen Zustand der Reue tatsächlich dauerhaft erleiden müssen.

Doch das Leben im Körper und auf der Erde genießt im jüdischen Glauben einen hohen Stellenwert. Allgemein wird wenig vom Jenseits gesprochen und das Hauptaugenmerk der Juden ruht auf dem Hier und Jetzt, ihrer Existenz als Menschen auf der Erde. Gläubige Juden sind angehalten, gute Taten zu vollbringen ohne damit eine bestimmte Absicht im Hinblick auf das Jenseits zu verfolgen. In 613 Geboten erfahren sie, wie sie ein gerechtes und rechtschaffenes Leben führen können und sollen. Sie leben also in dem Bewusstsein, dass es nicht primär um die Belohnung oder Bestrafung im Jenseits, sondern darum geht, die Welt so zu erschaffen, dass jeder Mensch gerne darin lebt. Die Thora beschreibt die Vorstellung von einer heiligen, untadeligen und gerechten Gesellschaft. Ein gläubiger Jude versucht, diese Gesellschaftsform im täglichen Leben wahr werden zu lassen. Er lebt vor allem in der Gegenwart und weniger in der Wunschvorstellung eines fernen Jenseits.

Nach jüdischer Vorstellung schuf Gott den Menschen nach seinem Ebenbild. Das Leben auf der Erde ist für Juden das höchste Gut. Während des irdischen Daseins bietet sich die einmalige Gelegenheit, jeden Augenblick sinnvoll, rechtschaffen, gerecht und gewinnbringend zu nutzen. Deshalb wird der Tod auch eher als Übel empfunden, denn er beraubt den Gläubigen der Möglichkeit, seine unerledigten Angelegenheiten zu Ende zu bringen und weiterhin an einer positiven Gesellschaft mit zu wirken.

Gemäß dem jüdischen Glauben werden wir nach unserem Tod in das Jenseits gerufen. Erst trennen wir uns von allen materiellen Gütern und Titeln. Diese Dinge haben im Jenseits keinerlei Bedeutung mehr. Dann trennen wir uns von unserer Familie und von unseren Freunden. Sie begleiten uns nur noch bis zu unserem Grab. Das Einzige, das uns dann noch bleibt, sind unsere Mizvot, unsere guten Taten. Sie sind unsere Fürsprecher, sobald wir vor unseren Schöpfer treten. Von ihm werden wir dann anhand unserer Taten gemessen. Wer stets gut und rechtschaffen war, wird belohnt. Diejenigen, die schlecht waren, erhalten im Jenseits ihre gerechte Strafe.

Die mystische Tradition des Judentums finden wir in den Lehren der Kabbala. Kabbalisten streben nach einer unmittelbaren Beziehung des Menschen zu Gott. Der Lebensbaum mit seinen zehn Sphären (Sephiroth) ist wohl die bekannteste Darstellung aus der kabbalistischen Lehre. Es handelt sich dabei um ein Abbild der Zusammenhänge von Makrokosmos und Mikrokosmos, des Wirkens des Göttlichen durch die geistigen Kräfte in der Welt. Der Zohar stellt die bedeutendste kabbalistische Schrift dar, die aus der Tradition des spanischen Judentums gegen Ende des 13. Jahrhunderts entstand. Als Autor des in aramäischer Sprache geschriebenen Hauptteils gilt der spanische Kabbalist Mosche de Leon.

Adam Qadmon (oft auch: „Kadmon“ geschrieben) entspricht nach der Auffassung der Kabbalisten dem ursprünglichen Menschen, der ausgestattet mit Weisheit, Herrlichkeit und Unsterblichkeit an der Seite Gottes existiert. Der irdische Mensch ist dessen Abbild, der diese drei bedeutenden Gaben verloren hat und danach strebt, sie wieder zu erlangen.

Das Christentum

Die den christlichen Religionsgemeinschaften angehörenden Menschen glauben, dass Gott uns aus Erde geschaffen hat und uns dann seinen Atem eingehaucht hat. Ersteres repräsentiert den materiellen Aspekt des Menschen, seine Herkunft aus der Materie und seinen Körper. Letzteres deutet darauf hin, dass er etwas Unsichtbares in sich trägt, das ihm von Gott geschenkt wurde, seine Seele. Der Mensch bildet nach dieser Auffassung also eine Einheit aus Körper und Seele. Beim physischen Tod hauchen wir dieses Geschenk des göttlichen Atems wieder aus, wir machen unseren letzten Atemzug, und unsere Seele landet erneut bei Gott. Das Leben ist damit zunächst beendet.

Doch es gibt auch die Vorstellung, dass sie in den Himmel oder in die Hölle kommt, je nachdem, wie wir uns auf der Erde verhalten haben. Gottgefälliges Verhalten verspricht uns einen Platz im Himmel, nach einem Lebenswandel, der dem Göttlichen widerspricht, in der Hölle. Für mäßig „(Un-)Gehorsame" gibt es auch noch die Zwischenlösung, das Fegefeuer. Ehe diese Zuweisung erfolgt, müssen wir bis zum jüngsten Gericht warten.

Auch von der Auferstehung des Fleisches ist die Rede, also von einer Wiedervereinigung der Seele mit dem physischen Körper. Oder sollte damit etwa die Reinkarnation gemeint sein? Die Vorstellung, dass die Seele in einem anderen Körper weiterlebt? Ob diese Option für jedermann gilt oder nur für die „Gottgefälligen" unter uns, ist nicht immer klar ersichtlich. Eine Möglichkeit zur Korrektur unserer Lebensweise in weiteren Erdenleben gibt es jedenfalls nach der offiziellen christlichen Lehrmeinung nach unserem physischen Tod nicht mehr. Die einzige Möglichkeit zur Umkehr und zum Genuss der göttlichen Gnade besteht im Bereuen der eigenen Sünden während unseres Erdenlebens.

Vielleicht stellen wir uns den Himmel als einen paradiesischen Zustand vor, voller Licht und Herrlichkeit, ähnlich dem Paradies von Adam und Eva vor deren Sündenfall. Die Hölle mögen wir als den Zustand der Dualität erkennen, wie wir ihn im jetzt zu Ende gehenden Kali Yuga in der äußeren Welt erleben. Diese Dualität äußert sich in der Hervorhebung von Trennendem. Andersgläubige oder sonst wie andersartige Menschen werden bis in die heutige Zeit hinein verfolgt, gefoltert und bekriegt. Es ist unsere freie Entscheidung, ob wir den Himmel oder die Hölle für unser Leben wählen. Wir sind nicht gezwungen, das Spiel der Dualität mitzuspielen. Als Seele sind wir frei, uns für die Einheit mit Gott zu entscheiden und gegen die Machenschaften der Mächtigen auf der Erde. Wenn wir das tun, leben wir im eigentlichen Christusbewusstsein. Vielleicht hat der erleuchtete Sohn Gottes genau dies gemeint, als er sagte:

Ich und der Vater sind eins. (Joh. 10.30)

Er wollte uns darauf hinweisen, dass wir alle Söhne und Töchter Gottes sind. Wenn wir dem folgen, stehen wir im Licht und in der Liebe und haben uns für die lichte Seite entschieden.

Der Islam

Als Religionsstifter des Islam gilt Mohammed (570–632 n. Chr.), der von den Moslems als der letzte von Gott (Allah) gesandte Prophet verstanden wird. Der Mensch bekommt sein irdisches Leben durch Gott geschenkt. Auf der Erde erhält er die Möglichkeit, ein Leben in Hingabe an Allah zu führen und sich so zu bewähren. An seinen Taten kann man seine Haltung Allah gegenüber erkennen. Sein Glaube wird schließlich darüber entscheiden, was sein Schicksal nach dem physischen Tod sein wird, ob er ins ersehnte Paradies kommt oder in der Hölle weiterexistieren muss.

Wo immer ihr seid, der Tod wird euch erreichen, auch wenn ihr in hochgebauten Burgen wäret. (Sure 4, 78)

Diese und andere Stellen des Koran machen die Unausweichlichkeit des Todes deutlich. Auch und gerade angesichts des Todes wird offenbar, dass Allah der einzige Gott und Schöpfer allen Lebens ist.

Nach islamischer Vorstellung ist die Seele unsterblich und kann sich durch die äußere Form des Körpers auf der Erde ausdrücken. Die Trennung von Seele und Körper wird zur Stunde des Todes von Engel Izra'il vorgenommen, der dem Sterbenden in seiner letzten Stunde erscheint. Der Todesengel führt die Seele zu einem Zwischengericht im Himmel. Nach einem grundsätzlich gottgefälligen Leben kann der Mensch darauf hoffen, dass ihm seine Sünden vergeben werden. Andernfalls wird ihm der Zutritt zum Himmel verweigert und er wird zum Versammlungsort der Verdammten gebracht.

Sprich: Abberufen wird euch der Engel des Todes, der mit euch betraut ist. Dann werdet ihr zum Herrn zurückgebracht.

(Sure 32, 11)

Nach diesem Zwischengericht landet die Seele zunächst wieder im Körper des Verstorbenen. Danach wird der Verstorbene in seinem Grab einer Befragung unterzogen.

Die vier entscheidenden Fragen lauten:
Wer ist dein Gott?
Wer ist dein Prophet?
Was ist deine Religion?
Wohin zeigt deine Gebetsrichtung?

Für „richtige" Antworten auf diese Fragen gibt es nach islamischer Auffassung wenig Spielraum. Wenn der Verstorbene eine Erleichterung der nun folgenden Zeit wünscht, müssen die vier Antworten eindeutig ausfallen. In diesem Fall erscheinen die beiden Engel mit Namen Mubashar („Frohe Botschaft") und Bashir („Verkünder froher Botschaft") und verheißen ihm das spätere Leben im Paradies. Im Falle von „falschen" Antworten muss er bereits im Grab Qualen erleiden, die ihm von den Engeln Munkar („Das Verwerfliche") und Nakir („Das Negative") zugefügt werden. Die nach dieser Befragung folgende Wartezeit dauert bis zur Auferstehung am Tag des Jüngsten Gerichts.

Die Wartezeit zwischen der Befragung im Grab und der Auferstehung erleben die Seelen in einem schlafähnlichen Zustand. Im Nachhinein kommt ihnen diese Zeit jedoch äußerst kurz vor (siehe Suren 10, 45; 79, 46 oder 20, 103). Nach islamischer Auffassung bedeutet die Auferstehung die Vollendung des Lebenskreislaufs. Gott hat den Menschen erschaffen, damit er in einem menschlichen Körper auf der Erde leben kann, nach dem Tod wird er seine Seele mit einem neuen, aus den Resten des verstorbenen Körpers hergestellten, neuen Körper vereinigen.

Die islamischen Vorstellungen über die Auferstehung ähneln denjenigen des Christentums und des Judentums. Zwar ist der Zeitpunkt unbekannt, doch begleitet von einem moralischen Verfall der Menschheit und einhergehenden Naturkatastrophen. Allah wird dann inmitten dieses endzeitlichen Dramas über die Menschen richten. Die guten und schlechten Taten der Menschen, die zuvor in einem Buch niedergeschrieben worden sind, werden nun offenbart und auf einer Waagschale gegeneinander aufgewogen. Jesus und Mohammed treten als Zeugen für die menschlichen Verfehlungen auf. Jesu Rolle wird in der Anklage von Christen und Juden gesehen. Mohammed kann dagegen entweder als Ankläger oder Verteidiger in Erscheinung treten. Die Vergebung der Sünden und das eigentliche Urteil obliegen jedoch Allah allein.

Nach dem Urteilsspruch werden die Gerichteten über eine schmale Brücke, die schmaler als ein Haar und schärfer als ein Schwert sein soll, geführt. Die Ungerechten stürzen in das lodernde Höllenfeuer unterhalb der Brücke, wo sie unvorstellbare Qualen erwarten. Allerdings besteht die Hoffnung, dass auch sie zu einem späteren Zeitpunkt noch ins Paradies gelangen. Die Gerechten jedoch überwinden die Brücke unbeschadet und gelangen direkt ins Paradies, wo sie Gott nahe sein können, ein Ort voller Sinnenfreuden und Leichtigkeit. Beides, Himmel und Hölle, werden im Koran und anderen islamischen Schriften überaus anschaulich beschrieben.

Die schamanisch geprägten Religionen

Als Schamanen werden Menschen bezeichnet, die nach Auffassung ihrer selbst und der Gemeinschaft, in der sie leben, Einfluss auf die Kräfte des Jenseits nehmen können und in religiöser und/oder heilerischer Hinsicht als Vermittler zur Geistigen Welt in Erscheinung treten. Zur Ausübung ihrer Berufung setzen sie häufig Rituale wie zum Beispiel Geisterbeschwörungen unterstützt durch bestimmte Musikinstrumente, Gesänge oder Tänze ein, die dem Wohle einzelner oder der gesamten Volksgemeinschaft dienen sollen. Der Begriff Schamane bezeichnete ursprünglich vor allem die Sibirischen Vermittler zwischen Diesseits und Jenseits, heute ist er jedoch für spirituelle Spezialisten der indigenen Stämmen in aller Welt, also auch in Afrika, Amerika oder Australien gebräuchlich. In jüngster Zeit fühlen sich auch immer mehr Menschen in westlichen Kulturen zu dieser Vermittlerrolle berufen, die sie vor allem zu heilerischen Zwecken einsetzen.

Auch in bestimmten oftmals grob zusammengefassten Kulturkreisen wie Sibirien oder Nordamerika gibt es eine riesige Zahl kleinerer Völker, die alle ihre regionalen Sitten, Gebräuche und Vorstellungen pflegten und teilweise bis heute pflegen. Diese unterscheiden sich in zahlreichen Details, von denen hier nur einige bekanntere angeschnitten werden.

Ein archetypisches Symbol der kosmischen Ordnung, das sich in vielen schamanisch geprägten Kulturen findet, ist der Weltenbaum. Durch seine tiefe Verwurzelung in der Erde einerseits und seine hoch aufragende und ausladende Baumkrone andererseits verbindet er Himmel, Erde und Unterwelt miteinander. Nach schamanischer Auffassung führt der Weltenbaum zurück zum Beginn der Schöpfung und gleichzeitig zum Zentrum der Welt. Durch ihn nimmt der Schamane Verbindung mit der jenseitigen Welt, der Welt der Verstorbenen, Geister und Götter, auf. Auch fungiert der Weltenbaum als Ruhestätte für verstorbene Schamanen, deren Seelen von hier aus ihre Reise ins jenseitige Reich antreten.

Selbst in der altnordischen Mythologie finden wir schamanische Spuren. Im germanischen Kulturraum war der Weltenbaum eine Esche und wurde als „Yggdrasil“ bezeichnet, die die drei Welten Himmel, Mittelwelt und Unterwelt miteinander verband. In ihr sah man die Stütze des Himmelsgewölbes sowie die Sinnbilder für die Wiedererneuerung des Lebens und die Unsterblichkeit. Gleichzeitig gilt sie als Opferbaum und als Wissensbaum. Der Legende nach hängte sich Odin, der Göttervater, Kriegs- und Totengott der Germanen, in einem Selbstopfer in Yggdrasils Krone auf, um an das geheime Wissen ihrer Wurzeln zu gelangen.

Wie alle indigenen Völker lebten auch die nordamerikanischen Indianer im Einklang mit der Natur. Gemäß ihrer Weltsicht haben alle Gewässer, Steine, Pflanzen, Tiere und natürlich auch der Mensch einen Geist. Diese Sichtweise bestimmt auch ihre Jenseitsvorstellungen. Sie glaubten, dass die Seele der Verstorbenen in die Welt der Geister gerufen wird, wie sie es nannten „in die ewigen Jagdgründe“ eingeht. So fungiert der Tod also quasi als Brücke zwischen Diesseits und Jenseits. Manche Tänze, wie beispielsweise der „Sun Dance“ oder „Gost Dance“ sollen die Toten zurück ins Leben holen.

Wir finden in den Vorstellungen der Indianervölker auch Elemente des Reinkarnationsglaubens, nach dem Seelen als Menschen oder Tiere wieder geboren werden. Was die Bedürfnisse und Verhaltensweisen der Seelen in den „ewigen Jagdgründen“ betrifft, haben die einzelnen Stämme im Detail sehr unterschiedliche Vorstellungen. Allen gemeinsam ist jedoch der Glaube an ein Weiterleben der Seele nach dem Tod.

Vom Glauben an etwas Ewiges und Göttliches zeugt auch dieses wunderschöne Gebet der australischen Aborigines:

> *Die göttliche Quelle, die in der Stille für uns singt, ist die, die uns voneinander lernen lässt: Leite unsere Schritte mit Kraft, Weisheit und Liebe. Möge ich die Lehren verstehen, wenn ich gehe. Möge ich den Zweck aller Dinge ehren. Hilf mir, alles mit Achtung zu berühren. Und immer von dem zu sprechen, was hinter meinen Augen liegt. Lass mich beobachten, nicht urteilen. Möge ich keinen Schaden verursachen, jedoch Spuren von Tönen und Farben zurücklassen, wenn ich gehe. Und: Wenn ich in das Ewige zurückkehre, möge sich der Kreis schließen und die Spirale breiter sein.*

Das Gedicht richtet sich an eine ewige Quelle, die wir Gott nennen können. Es wird der Wunsch artikuliert, etwas Individuelles auf Erden zu hinterlassen und die Aufgabe, die wir zu erfüllen haben, gut zu meistern. Wir sollen unsere Augen dem Unsichtbaren gegenüber öffnen und unsere Wahrnehmungen auch kundtun. Wir sollen achtsam mit unseren Geschenken umgehen und wünschen uns, die Lehren dieses Erdenlebens, richtig verstanden zu haben, wenn wir sterben. Warum? Sicher doch, damit wir daraus unsere Lehren ziehen für das nächste Mal.

Der Hinduismus

Ursprung des Hinduismus sind die Veden, jahrtausendealte Schriften, in denen eine sehr komplexe Sicht der geistigen Welt dokumentiert ist. Darin finden wir erstaunliche Erkenntnisse über den Kosmos und die Hierarchien innerhalb des Universums, die teilweise erst in jüngster Zeit durch die moderne Wissenschaft bestätigt wurden.

Die Idee von der Seelenwanderung bildet die Grundlage für die hinduistische Jenseitsvorstellung. Die Seele (Jiva) als unsterblicher Teil des Lebens zieht nach dem physischen Tod in einen anderen Körper. Das neue Ziel der Seele hängt maßgeblich von der Lebensweise des Menschen im irdischen Leben ab. Hat der Mensch durch gute und wohltätige Taten gutes Karma angesammelt, gelangt seine Seele in eine höhere Lebensform, idealerweise in einen gesunden und gutaussehenden Körper, geboren von einer angesehenen Mutter. Die jetzige Verkörperung steht also in direktem Zusammenhang mit der vorangegangenen. Das Wiedergeboren werden währt dann so lange, bis die Seele die Weisheit erlangt hat, in die „Brahmawelt" eintreten zu dürfen. Dann ist sie dem ewigen Kreislauf der Wiedergeburten „Samsara" entwachsen, denn sie hat nun die Vergänglichkeit des irdischen Lebens überwunden.

Nach dem indischen Kastensystem ist die Gesellschaft nach einer hierarchischen Struktur aufgebaut. Nur den Mitgliedern der höheren Kasten, den Brahmanen (intellektuelle Elite), den Ksatryas (meist Beamte) und den Vaishyas (Händler und Grundbesitzer) ist es nach hinduistischer Auffassung möglich, dem Kreislauf der Wiedergeburten zu entfliehen. Die Mitglieder der untersten Kaste, der Shudras, können, vorbildliche Lebensführung vorausgesetzt, zunächst lediglich in eine höhere Kaste hinein geboren werden und sich dann langsam Schritt für Schritt hocharbeiten. Im Dharma finden die Hinduisten genaue Regeln, wie sie sich in Abhängigkeit zu ihrer Kastenzugehörigkeit im Hinblick auf Moral, Religion und Lebensführung zu verhalten haben. Je höher die Kaste, der man angehört, umso strenger sind die Regeln, die man zu befolgen hat. Wann man sein Ziel, dem Samsara zu entrinnen, erreicht hat, ist für die meisten Hindus nicht klar erkennbar.

Innerhalb des Hinduismus existieren verschiedene Vorstellungen, wie der Ausstieg aus dem Rad der Wiedergeburten zu erreichen sei. Manche Strömungen vertreten die Auffassung, dass die Eigenleistung des Individuums, sein Leben rechtschaffen zu gestalten, allein nicht ausreiche. Die Ergänzung durch den Glauben an Gott sei für die Erlösung zusätzlich erforderlich. Ebenfalls uneinig ist man sich darüber, ob man den Ausstieg aus dem Samsara ausschließlich durch den Tod oder schon durch das Praktizieren von Askese und Meditation wie beim Yoga erreichen kann. Die achte und letzte Stufe des Yoga ermöglicht dem Praktizierenden frei von materiellen Bedürfnissen und Gedankentätigkeit zu sein. Dort hin zu gelangen ist jedoch ein langer und beschwerlicher Weg.

Der Buddhismus

Im Unterschied zum Hinduismus geht der Buddhismus nicht von der Existenz einer individuellen Seele im herkömmlichen Sinne aus. Vielmehr setzt sich der Mensch nach Auffassung der Buddhisten aus fünf sogenannten Dharmas zusammen, die sein Sein ausmachen und bestimmen:

- Triebkräfte
- Wahrnehmungen
- Bewusstsein
- Empfindungen
- Körper

Siddhartha Gautama war ein indischer Prinz, der erkannte, dass Reichtum und Luxus nicht die Grundlage eines glücklichen Lebens sein können. Er stieg aus dem für ihn vorgesehenen Leben aus und lebte mehrere Jahre in Askese, in denen er seine Erkenntnisse erlangte. Sein Erwachen (Bodhi) erfuhr er unter einer Pappel-Feige sitzend und trägt daher den Ehrennamen Buddha, der Erwachte. Danach reiste er als spiritueller Lehrer und erleuchteter Meister durch die Lande und sammelte viele Anhänger um sich, ähnlich wie es etwa 500 Jahre später in einem anderen Teil der Welt Jesus Christus tat. Aus dem Hinduismus übernahm er den Glauben an die Wiedergeburt. Zunächst werden wir immer wieder in diese Welt hineingeboren, bis wir zur Erleuchtung gelangen. Erst durch die Erlangung von Erleuchtung und der Loslösung von allen irdischen Begierden und Anhaftungen werden wir von diesem Kreislauf befreit und gehen ins Nirwana ein, einer Art Nicht-Existenz. Die Frage nach einem Leben nach dem Tod spielt im Buddhismus keine Rolle, denn Buddha glaubte, dass die Beschäftigung mit dieser Frage, uns daran hindere, alles Irdische loszulassen und zum inneren Frieden zu gelangen. In Indien, wo Buddha lehrte, hat sich die Lehre nach seinem Tod nicht großflächig verbreitet. Doch in anderen asiatischen Ländern gibt es heute verschiedene Ausprägungen dieser Religion und Philosophie.

Der Weg des vor allem in Japan verbreiteten Zen-Buddhismus ist es, zu erfahren, dass Tod und Leben gleichberechtigte Konzepte sind. Ewiges Leben jenseits dieser beiden Zustände ist das Bewusstsein selbst. Wiedergeburt und Unsterblichkeit sind nach dieser Auffassung keine erstrebenswerten Zustände. Den Tod als Ende des Lebens zu betrachten, ist für einen Zen-Buddhisten nicht vorstellbar. In unserem Kulturkreis gilt Willigis Jäger als ein großer Lehrer und Meister dieser Richtung, ein in der mystisch-kontemplativen Tradition des abendländischen Christentums verwurzelter Gelehrter unserer Zeit.

Im Tibetanischen Buddhismus spielt der Tod als Übergang in einen Zwischenzustand, den sogenannten Bardo, eine entscheidende Rolle. Im Moment des Todes sehen wir ein helles Licht und haben die Möglichkeit, diesem zu folgen. Doch Angst und Unwissenheit mögen uns davon abhalten. Im Bardo selbst sollen wir uns von den Anhaftungen an das vergangene Leben befreien und können uns dann mit Unterstützung von Meistern eine Familie aussuchen, in die wir als nächstes hinein geboren werden möchten, ein Elternpaar, das am besten geeignet ist, uns der angestrebten Erleuchtung ein Stück näher zu bringen. Mit der Wiederverkörperung ist der Zustand des Bardo dann beendet. Diese Lehre ist im Tibetanischen Totenbuch, dem Bardo Thödröl, ausführlich beschrieben. Dieses wissenschaftliche Werk über das Sterben und den Tod stammt aus dem achten Jahrhundert.

Vorstellungen jenseits von Religion

(Re)-Inkarnation

Inkarnation (lat. Incarnatio = Fleischwerdung) bedeutet die Menschwerdung des göttlichen Geistes. Der Mensch ist „human", was im Sanskrit so viel wie „Lichtwesen" bedeutet („Hu" = Licht, „Man" = Wesen). Als Reinkarnation bezeichnen wir den Glauben an die Seelenwanderung, die wiederholte Verkörperung der Seele in einem physischen Körper. Wir finden diesen Glauben in den alten indischen philosophischen und religiösen Vorstellungen, dem Hinduismus und den Veden. Doch dieser Glaube ist nicht auf diesen Kulturkreis beschränkt. Wir finden ihn in allen Teilen der Welt und als Bestandteil eigentlich aller Religionen. Allerdings ist dieses alte Menschheitswissen dort meistens nicht in den offiziellen heiligen Schriften niedergeschrieben und daher nicht für jedermann zugänglich. Sei es, dass die Verantwortlichen meinten, die Menschheit sei nicht reif für dieses Wissen und könne nach jeweiligem Entwicklungsstand nicht damit umgehen, sei es, dass uns dieses Wissen aus Machtinteressen heraus bewusst vorenthalten wurde. Tatsache ist, dass es über Jahrhunderte und Jahrtausende nur kleinen elitären Kreisen zugänglich gemacht wurde und somit als „esoterisch" bezeichnet wurde.

Die mystischen Strömungen der Weltreligionen und verschiedene indische Strömungen gehen vom Glauben an die Inkarnation bzw. Involution aus. Dieser fasst den Menschen als ewiges Lichtwesen auf, das sich immer wieder auf der Erde verkörpert, um bestimmte Erfahrungen machen zu können. Nach dem physischen Tod des Menschen, verlässt die Seele die sterbliche Hülle, den grobstofflichen Körper, um sich in die Astralwelten zu begeben. Dort verweilt sie in einem Zwischenzustand, und bereitet sich in dieser Zeit auf ihre nächste Verkörperung vor. Während dieser Zeit werden Vereinbarungen über diejenigen Lernaufträge getroffen, die wir bei der kommenden Verkörperung zu erledigen haben.

Wenn die rechte Zeit dazu gekommen ist, geht unsere Seele in Resonanz mit bestimmten Schwingungen, die im Moment der Vereinigung einer weiblichen Eizelle und einer männlichen Samenzelle entstehen. An diese erste vereinigte Zelle dockt sie an. Der werdende Mensch ist also vom Moment seiner Zeugung an ein beseeltes Wesen. Der Verlauf seiner weiteren Entwicklung beruht auf Vereinbarungen zwischen seiner Seele und der Seele der anderen in sein Leben involvierten Individuen. Sie findet Voraussetzungen vor, die für die jeweilige Lernaufgabe am besten geeignet sind. Diese Erkenntnis mag ein neues Licht auf wesentliche Themen unseres Erdenlebens wie Abtreibung, Heilung oder Sterbehilfe werfen.

Der Gedanke der Reinkarnation gehört zum uralten Menschheitswissen und taucht in vielen Kulturen, Weisheitslehren und Religionen auf. In den monotheistischen Religionen Judentum, Christentum und Islam wurde sie jedoch nur von bestimmten Strömungen der Mystik vertreten und gehört bis heute nicht zur offiziellen Lehrmeinung. Christen, die diese Auffassung offiziell vertraten und weitervermitteln wollten, wurden in der Vergangenheit sogar von den Verantwortlichen der Kirche verfolgt, gefoltert und hingerichtet. Offensichtlich war und ist es nicht immer erwünscht, wenn wir Kenntnis über die Reinkarnationslehre gewinnen und diese als unsere Wahrheit annehmen. Bis zum heutigen Tag wird versucht, dieses Wissen zu unterdrücken und in die Ecke nicht ernst zu nehmender Esoteriker zu schieben.

Doch wir leben in einer Zeit, in der das Verschweigen von Information und Wissen auch für normale Erdenbürger immer durchschaubarer wird. Wir müssen heute nicht mehr über die Fähigkeit verfügen, in der Akasha Chronik lesen zu können oder sonst wie übersinnlich begabt sein. Zumindest in den westlichen Ländern können wir jegliche Information und Meinungsäußerung jederzeit abrufen und uns selbst unser Urteil bilden, was wir glauben möchten und was nicht. Zwar ist dies nicht nur ein Segen, sondern kann auch zu einem Fluch werden (s. u.), denn es ist tatsächlich nicht einfach, sich in diesem Wust von Informationen zurechtzufinden. Doch nach und nach werden wir ein Gespür dafür entwickeln, das uns hilft, uns vielleicht ein wenig besser im Dschungel der Informationen zu orientieren.

Atheismus

Neben den Religionen versuchen auch einige vermeintliche Anhänger des Atheismus, uns vom Wissen über die ewige Seele fernzuhalten. Nicht wenige Menschen glauben heute, dass der physische Tod das Leben des Menschen endgültig beendet. Nach dieser Auffassung ist der Mensch nichts weiter als sein Körper (meist auch da noch beschränkt auf seinen sichtbaren grobstofflichen Körper), ein Wesen, das genetisch aus der Evolution der Tiere hervorgegangen ist und dessen Gedanken und Gefühle nichts anderes als biochemische Prozesse sind. Dies ist die Auffassung der Atheisten. Bis heute hängen ihr viele, aber längst nicht alle naturwissenschaftlich arbeitenden Wissenschaftler an. In meinen Augen ignorieren diese dabei deutliche Indizien, die uns darauf hinweisen, dass wir mehr sind als unser/unsere Körper.

> *Jedem tiefen Naturforscher muss eine Art religiösen Gefühls nahe liegen, weil er sich nicht vorstellen mag, dass die ungemein feinen Zusammenhänge, die er erschaut, von ihm zum ersten Mal gedacht werden. Im unbegreiflichen Weltall offenbart sich eine grenzenlos überlegene Vernunft. Die gängige Vorstellung, ich sei ein Atheist, beruht auf einem großen Irrtum. Wer sie aus meinen wissenschaftlichen Theorien herausliest, hat sie kaum begriffen …* (Albert Einstein)

Manche Drahtzieher des Weltgeschehens und Verbreiter atheistischen Gedankenguts scheinen insgeheim über ein anderes Wissen zu verfügen. Statt dieses mit ihren Mitbewohnern auf der Erde zu teilen, halten sie es in elitären Zirkeln geheim. Sie spielen ein doppeltes Spiel. Nach außen wollen sie uns weismachen, dass der Mensch nichts anderes als ein höheres Tier sei, dass er zufällig dieses Leben lebe und dass sein Dasein nach dem physischen Tod ein für alle Mal vorbei sei. Damit der Mensch nicht zu (selbst)bewusst werde, versuchen sie ihn mit allerlei Manövern von seiner potenziellen Erkenntnis abzuhalten. Er soll konsumieren und in Angst leben, in Angst z. B. vor Krankheit und Krieg, vor Zahnbelag und altersbedingter Faltenbildung und was der Werbung sonst noch so alles einfällt. Nach dem Willen der „Chefatheisten“ sollen wir unser Leben damit verbringen, oberflächlich in der materiellen Welt zu leben, wir sollen in einem möglichst unbewussten Zustand vor uns hindämmern. So sind wir leichter manipulierbar und merken nicht, was um uns herum wirklich geschieht.

> *Es kommt für jeden der Augenblick der Wahl und der Entscheidung. Ob er sein eigenes Leben führen will, ein höchst persönliches Leben in tiefster Fülle, oder ob er sich zu jenem falschen, seichten erniedrigenden Dasein entschließen soll, das die Heuchelei der Welt von ihm begehrt* (Oscar Wilde)

Ewiges Individuum

Die Heilige Sieben

Wir merken, dass die Zahl sieben eine besondere Bedeutung auf der Erde zu haben scheint. Sie symbolisiert den Würfel mit seinen sechs quadratischen Flächen und als siebtem Element, seinem Volumen. Diese Zahl weist uns auch darauf hin, dass wir Menschen über die Vier mit der Ganzheit der materiellen Welt auf der Erde verbunden sind und mit der Drei mit dem Göttlichen. Wir denken bei der Vier an die vier Elemente oder die vier Himmelsrichtungen, bei der Drei fällt uns die heilige Dreifaltigkeit aus Vater, Sohn und Heiliger Geist oder die Dreiheit Brahma, Vishnu und Shiva ein. Zudem gibt es viele heilige Symbole alter Kulturen, wie z. B. die meist dem Keltischen zugeordnete Triskele, die die Dreiheit zum Ausdruck bringen.

Die folgenden Tabellen stellen einige Zuordnungen zu den Zahlen Vier und Drei zusammen, wie sie in verschiedenen Lehren und Weltanschauungen zu finden sind.

Jahreszeiten	Frühling	Sommer	Herbst	Winter
Himmelsrichtungen	Osten	Süden	Westen	Norden
Elemente	Wasser	Feuer	Luft	Erde
Evangelisten	Markus	Lukas	Matthäus	Johannes
Spielkarten/ Tarot	Herz/Kelch	Pik/Stab	Kreuz/ Schwert	Karo/ Münze

Grundfarben	Blau	Gelb	Rot
Christentum	Vater (Mutter)	Heiliger Geist	Sohn
Hinduismus	Brahma-Saraswati	Vishnu-Lakshmi	Shiva-Parvarti
Aufgaben, deutsch	Erzeuger	Bewahrer	Zerstörer
Aufgaben, englisch = GOD	**G** enerative	**O** perative	**D** estructive
Buddhismus	Wollen, was wir nicht haben können	Nicht fähig sein, unterscheiden zu können	Bekommen, was wir nicht wollen
Ayurvedische Tridosha	Vata Äther/Luft	Kapha Erde/Wasser	Pitta Feuer/Wasser

Yoga Energieströme (Nadis)	Ida (links, weiblich, Mond)	Sushumna (Mitte, Rückenmark)	Pingala (rechts, männlich, Sonne)
Transformative Qualitäten	Vertrauen – Alobha	Klarheit – Amoha	Nicht-Verhaftetsein – Adosa
Situationen	Sich öffnen	Nicht wissen	Sich verschließen
Atomare Ebene	Protonen	Neutronen	Elektronen

Beides zusammen ergibt die heilige Zahl Sieben, die für die Vollkommenheit steht, das sich im Menschen vereinigende Materielle und Geistige. Aus der Bibel kennen wir die sieben Schöpfungstage, die sieben fetten und die sieben mageren Jahre, die sieben Tugenden und die sieben Todsünden. In der Natur beobachten wir die siebentägigen Mondphasen, unser Sonnensystem mit seinen ursprünglich sieben Planeten und den siebenfarbigen Regenbogen.

Auch in Mythen und Märchen begegnen wir dieser magischen Zahl auf Schritt und Tritt: Das tapfere Schneiderlein erlegte Sieben auf einen Streich und Schneewittchen begegnete den sieben Zwergen. Interessanterweise lässt sich die Sieben als einzige Zahl bis Zehn weder durch Multiplikation noch durch Division einstelliger Zahlen errechnen, was bei allen anderen Zahlen der Fall ist. Es handelt sich außerdem um eine Primzahl, die nur durch sich selbst oder durch Eins teilbar ist.

Verdoppeln wir die Zahl „1“ sieben Mal und addieren die so gewonnenen Zahlen, so erhalten wir 127.

$1 + 2 + 4 + 8 + 16 + 32 + 64 = 127$

Wie wir später noch sehen, weist uns die Zahl 127 auf entscheidende kosmische Zusammenhänge hin. In der Quersumme ergibt sich die „10“, die sich aus der „1“ und der „0“ zusammensetzt und im Zehnersystem den Beginn eines neuen Zyklus repräsentiert. Die „1“ wird gemeinhin mit den Attributen Kreativität und Zuversicht in Verbindung gebracht, sie gilt als Inbegriff von schöpferischer, fließender Energie. Die „0“ verstärkt diese Vorzüge noch durch die Hinzufügung innerer Gaben. So gelangen wir durch die Anwendung von sieben Schritten von der „1“ zur „10“ und damit auf eine höhere Ebene.

Der Aufbau des Universums mit seinen sieben lichten und sieben dunklen Dimensionsebenen, die Gedanken über das Wesen des Lebens, die sieben kosmischen Gesetze, die sieben Chakren und die sieben feinstofflichen Körper führen uns zu der Auffassung, dass alles, was es gibt, nach einem höheren Plan abläuft. Nichts ist Zufall, alles ist mit allem verbunden und unterliegt einem ewigen Kreislauf. Einer der Akteure in diesem Gefüge ist der Mensch, ein irdisches und zugleich ein kosmisches Wesen.

Realismus der Lichtwesen

Wenn wir sagen, jemand sei Realist, so meinen wir im Allgemeinen, er lebe in der Wirklichkeit, in dem, was tatsächlich vorhanden ist. Wir beziehen dies dann in der Regel auf unser tägliches Leben, das Offensichtliche, was jeder als das Vorhandene, das Reale zu erkennen meint, das, was wir anfassen und wahrnehmen können. Doch gerade das bezeichnen die Veden als Maya, als Illusion. Das, was wir meinen, als Wirklichkeit zu erkennen, ist nicht die absolute Wahrheit. Wenn wir die Wurzeln des Wortes „real" noch weiter zurückverfolgen, landen wir in den altägyptischen Hochkulturen. Hier bedeutete „re" das Göttliche, die Gottheit, der Geist und „al" das alles Durchdringende, also „real" das vom göttlichen Geist Durchdrungene. Und diese Bedeutungsebene weist uns darauf hin, dass dies die eigentliche Dimension des menschlichen Lebens darstellt. Wir leben in einer Welt, in der alles vom göttlichen Geist durchdrungen ist, das ist unsere wahre Realität, die wir jedoch meist in unserem irdischen Leben nicht als solche wahrnehmen, ja sogar ins Reich des „Irrealen", des nicht Wirklichen verbannen.

Und wir sind „human", das bedeutet, wir sind Lichtwesen. Wir sind also nicht identisch mit unserem physischen Körper, wie die Atheisten meinen, sondern wir sind von etwas Höherem, Lichtem gekommen. Auch die Wissenschaft bestätigt inzwischen, dass alle unsere Körperzellen mit Biophotonen, Lichtteilchen, durchdrungen sind und von unserem Lichtkörper haben wir ja schon gesprochen, unseren feinstofflichen Körpern, die für Hellsichtige als farbige Hüllen des grobstofflichen Körpers erscheinen.

Als Jesus sprach: „Ihr seid Elohim" meinte er genau dies: Ihr seid Lichtwesen, denn im Hebräischen hat das Wort Elohim die Bedeutung Lichtwesen oder sogar Gott bzw. Götter. Elohim wird in den Übersetzungen manchmal mit Plural- und manchmal mit Singularbegriffen übersetzt.

Armin Risi spricht u. a. in seinem Buch: „Ihr seid Lichtwesen" von der Involution. Für ihn bedeutet dies, dass wir ganz im Sinne des ersten Kosmischen Gesetzes von höheren Geistwesen erschaffen wurden und eben nicht ein Produkt von Mutation und Selektion sind, die angeblich ohne höheren Plan rein zufällig zu dem ein oder anderen Lebewesen führen, z. B. eben auch zum Menschen.

Ewigkeit

Ewigkeit ist etwas anderes als Unendlichkeit. Unendlichkeit bezieht sich auf die materielle Welt, auf die linearen Zeitabläufe, wie wir sie in unserem irdischen Leben gewohnt sind, unsere Vergangenheit, unsere Gegenwart und unsere Zukunft. Ewigkeit dagegen bezieht sich auf die Realität im eben beschriebenen Sinne, auf die geistig-göttliche Ebene unseres Daseins. Gott und seine Schöpfungen wie das Universum und die darin lebenden Wesen sind ewig. Wir leben unabhängig von der Materie, an die wir meinen, gebunden zu sein. Doch das sind wir nicht. Wir sind ewige Lichtwesen, die zeitweilig einen Körper bewohnen, um darin physische Erfahrungen machen zu können, Erfahrungen durch unsere Sinne, die uns die Wahrnehmung auf dieser dreidimensionalen Ebene ermöglichen, durch Gefühle und Gedanken.

Indizien für Skeptiker

> *Man kann sich auf zwei Arten irren. Indem man glaubt, was nicht wahr ist, und indem man nicht glaubt, was wahr ist.*
> (Sören Kierkegaart)

> *Es gibt zwei Arten die Welt zu sehen:*
> *Erstens man glaubt nicht an Wunder, und zweitens*
> *man sieht in allem ein Wunder.* (Albert Einstein)

Manchmal heißt es, wir glauben nur, was wir sehen. Doch das stimmt nicht so ganz. Auch die Wahrnehmung unserer fünf physischen Sinne ist sehr subjektiv. Eher glauben wir das, was wir glauben wollen, und manchmal leider auch das, was wir glauben sollen. Für jede Erscheinung können wir unterschiedliche Erklärungen finden, je nachdem, wie wir uns ausrichten und wie festgefahren wir in unseren Vorstellungen sind. Wir haben die Freiheit, Gott zu verleugnen oder in allem das Göttliche erkennen zu können. Je bewusster wir unsere Umgebung wahrnehmen, je höher unser Bewusstsein entwickelt ist, umso mehr Hinweise können wir dafür entdecken, dass die Realität sehr viel umfangreicher und komplexer ist, als wir sie mit unseren bescheidenen fünf Sinnen oft erleben. Es steht uns jederzeit frei, uns auch für die jenseits dieser beschränkten Sichtweise liegende Realität zu öffnen. Wenn wir uns für diese Möglichkeit öffnen, können wir viele Indizien finden, die für die Existenz der Seele und ihre Reise durch die Ewigkeit sowie für die Existenz einer höheren Ordnung sprechen.

Nahtoderlebnisse

Der heutigen fortgeschrittenen Medizin gelingt es immer häufiger, Menschen, die bereits an der Schwelle des Todes standen, ins Leben zurückzuholen. Viele der Betroffenen berichten später von ihren Wahrnehmungen und Erlebnissen an dieser Schwelle, den sogenannten Nahtoderfahrungen. Eindeutig sind diese inzwischen tausende von Berichten von einem Bewusstsein außerhalb des Körpers getragen. Mit den uns normalerweise zur Verfügung stehenden Wahrnehmungsmöglichkeiten ist es nicht möglich, z. B. Dinge in Nebenräumen des Operationssaals zu „sehen", uns selbst und das Geschehen um uns als außenstehender Beobachter wahrzunehmen, die Reise ins Licht anzutreten und unsere bereits verstorbenen Angehörigen wiederzutreffen. Viele berichten von einem Lebensfilm, der in umgekehrter Chronologie an ihnen vorüberziehe. In diesem Film erleben sie alles, was sie anderen im guten oder schlechten Sinne angetan haben, aus deren Sicht. Sie erleben alle Gefühle so, wie sie ihre Mitspieler auf der irdischen Bühne erlebt haben. Je nachdem, wie wir unser Leben gelebt haben, kann dieser Zeitraffer den Himmel oder die Hölle bedeuten.

Neben hunderten von Berichten und Büchern zu diesem Thema hat vor nicht allzu langer Zeit ein besonders interessantes Buch mit dem Titel „Blick in die Ewigkeit" (amerikanischer Originaltitel: „Proof of heaven") die Welt in Bewegung gebracht. Interessanterweise erschien das Werk am 21.12.2012, einem vielbeachteten Datum, und blieb monatelang auf Platz eins der Bestsellerlisten, ungewöhnlich für solch einen Titel und solch ein Thema! Der Autor Eben Alexander, ein anerkannter Neurochirurg, berichtet darin über sein eigenes Nahtoderlebnis und darüber, wie er dadurch von einem ursprünglich materiell orientierten Mediziner zu einem überzeugten Anhänger der These wurde, dass es sehr wohl ein Bewusstsein außerhalb des Gehirns und des Körpers gibt. Während seines Nahtoderlebnisses wurde er Zeuge von Ereignissen, die sich außerhalb des Raumes abspielten, in dem er sich sterbend aufhielt. Auch begegnete er während seines Komas einer Angehörigen, die er nicht persönlich kannte und von der er auch nie zuvor ein Bild gesehen hatte. Erst im Nachhinein wurden seine Wahrnehmungen durch ein Foto bestätigt.

Mediale Wahrnehmungen

Ein weiteres Indiz kann man in der Möglichkeit von Astralreisen erkennen. Im Traum oder unter dem Einfluss von Drogen und in Trance können wir unseren Körper verlassen und in andere Dimensionen und Ebenen reisen. Oft ergeben Nachforschungen, dass die Berichte der Betroffenen über außerkörperliche Wahrnehmungen stimmten, obwohl sie aus irdischer Sicht keine Kenntnis über das Wahrgenommene hätten haben können. Manche Menschen haben Begegnungen mit anderen Wesenheiten, mit Devas, Elementalen, den flüchtigen Erdgeistern, mit Verstorbenen, mit Geistern, Dämonen oder Lichtwesen und Engeln. Solche Begegnungen sind auch in allen heiligen Schriften belegt und durchziehen bis heute unsere Existenz als SeelenMenschen. Prophezeiungen, Weissagungen oder die Erinnerung an andere Orte und Zeiten, an denen wir einmal gelebt haben mögen, sollten uns den Weg zur Wahrheit weisen. Telepathische Kommunikation und Telekinese sind anders als über den Geist nicht erklärbar.

Unsere höheren feinstofflichen Körper dienen offensichtlich als Antennen zu anderen Wahrnehmungsebenen. Sind sie auf Empfang gestellt, kommen wir in Kontakt zu den höheren Welten und zu uns selbst. Informationen aus höheren Bewusstseinsebenen fließen dann in uns hinein. Wie sich dies zeigt, ist für jeden Menschen unterschiedlich. Manchmal fühlen wir eine Anwesenheit, die Präsenz einer oder mehrerer Wesenheiten, die uns Ahnungen, innere Gewissheiten übermitteln. Manchmal sehen wir Bilder oder hören Dinge aus diesen anderen Ebenen oder vielleicht auch alles zusammen. Wir erfahren, dass es außer den fünf Sinnen unseres Erdendaseins noch etwas anderes gibt, etwas, das uns fühlen und ahnen lässt, bis es sich zur Gewissheit verdichtet. Das alles ist kein „Hexenwerk“, sondern ein elementarer Bestandteil unseres menschlichen Wesens.

Inspiration – Intuition – Synchronizitäten

Für unsere Vorfahren waren diese Erscheinungen völlig selbstverständlich, und sie nutzten sie für die Entscheidungen ihres täglichen Lebens. In der jüngeren Vergangenheit jedoch haben wir diese Fähigkeiten verkümmern lassen, insbesondere dann, wenn wir den Verstand zum Meister unseres Lebens gemacht haben. Dann denken wir unentwegt die gleichen Gedanken, grübeln über Probleme nach und kommen doch zu keiner Lösung. Wenn wir uns dieser wunderbaren anderen Art der Wahrnehmung verschließen, drehen sich unsere Gedanken im Kreis, für alle potenziellen Lösungen gibt es ein Für und ein Wider, ein Pro und ein Contra. Wir sind in die Falle der Dualität getappt.

Große Künstler, Denker und Wissenschaftler hatten die größten Inspirationen in ihren Denkpausen, dann, wenn sie sich eine Auszeit von der Arbeit nahmen und entspannten. Die Voraussetzungen dazu, dass dies geschehen konnte, mögen sie durch ihre vorherigen Studien, Denkprozesse und Experimente geschaffen haben, dass es aber nun plötzlich zu einem Durchbruch in ihrem Bewusstsein kommen konnte, wird von einer anderen Quelle der Inspiration gespeist.

> *Den Seinen gibt es der Herr im Schlaf.* (Psalm 127)

„So spielte für Dmitri Iwanowitsch Mendelejew Masse eine entscheidende Rolle. Der Chemiker arbeitete unaufhörlich daran, Ordnung in die Elemente zu bringen, fand aber keine brauchbare Lösung für eine systematische Tabelle – zumindest nicht, solange er hellwach war. 1869 kam ihm der rettende Geistesblitz im Schlaf: *„Ich sah im Traum die Tabelle, in der alle Elemente so verteilt waren, wie es sein musste. Ich erwachte sofort und schrieb alles auf ein Stück Papier.“* Was Mendelejew da notierte, war das heute noch gebräuchliche Periodensystem der Elemente. Es enthielt die bis dahin bekannten 63 Elemente, sortiert nach Atommasse und Eigenschaften.

Otto Loewi kritzelte ebenfalls einen nächtlichen Einfall auf Papier. Unglücklicherweise konnte er am nächsten Morgen die Notiz nicht mehr entziffern. Aber Loewi hatte Glück, in der darauffolgenden Nacht erinnerte ihn ein Traum daran, was es mit dem Gekritzel auf sich hatte: Es ist der Aufbau eines Experimentes, mit dem er 1921 die chemische Informationsübertragung im Körper nachweisen und den Botenstoff Acetylcholin finden sollte.“

Und last but not least konstatierte Albert Einstein, einer der größten Wissenschaftler unserer Zeit:

> *Zum Verständnis der grundlegenden Gesetze des Universums bin ich nicht durch rationales Denken gekommen.*

Intuition bedeutet, dass verborgenes Wissen verfügbar wird. Im Englischen heißt es „inner tuition“ = innere Unterweisung, gemeint sind auch Erkenntnis, Eingebung, Gespür, Einfühlungsvermögen aus unserem Inneren heraus. Das, was uns unvermittelt kommt, ohne dass wir über ein bestimmtes Thema nachdenken oder uns bewusst damit beschäftigen. Dahin können wir gelangen, wenn wir uns mit unserem Inneren in engem Kontakt befinden. Physikalisch funktioniert das, indem wir uns über unser Scheitelchakra mit den höheren Chakren außerhalb unseres Körpers verbinden. Die Signale, die von dort kommen, nehmen wir über das Scheitelchakra in unser Gehirn auf. Sie dringen ins Mittelhirn, das limbische System.

Auch wenn dies nicht größer als eine Pflaume ist, befindet sich hier die Pforte zu unserer Intuition. Es kann Infrarotfrequenzen empfangen, wie es beispielsweise Delfine besonders gut können. Es ist in der Lage, in Möglichkeiten zu denken, das heißt, verschiedene Realitäten parallel als Möglichkeit anzunehmen, unabhängig von dem Zeitplan unserer äußeren Welt. Was sich dann von diesen Möglichkeiten in der äußeren Welt tatsächlich manifestiert, wird von unserer Großhirnrinde, dem Neocortex, bestimmt. Die beiden Hirnregionen arbeiten also im Idealfall zusammen. Je mehr Mitspracherecht wir unserer Pforte zur Intuition einräumen, umso besser bilden sich die neuronalen Bahnen zwischen den beiden Hirnregionen aus und umso leichter fällt diese Zusammenarbeit.

Als Synchronizität („syn-" = zusammen, „chronos" = Zeit) bezeichnete der Tiefenpsychologe Carl Gustav Jung scheinbar zufällig zusammenfallende Ereignisse, die genau in den momentanen Zusammenhang passen. Es existiert an dieser Stelle keine Kausalkette, die wir so gern als Erklärung für unsere Welt zu Rate ziehen, sondern wir erleben, dass etwas, das wir in unserem Inneren denken, fühlen oder träumen, sich im Äußeren spiegelt. Wir kennen alle die Situation, dass wir an eine Person denken, von der wir lange nichts mehr gehört haben. Plötzlich klingelt das Telefon und genau diese Person meldet sich am anderen Ende der Leitung.

C. G. Jung berichtet uns auch ein bemerkenswertes Beispiel für Synchronizität aus seiner eigenen Praxis:

> *Eine junge Patientin hatte in einem entscheidenden Moment ihrer Behandlung einen Traum, in welchem sie einen goldenen Skarabäus zum Geschenk erhielt. Ich saß, während sie mir den Traum erzählte, mit dem Rücken gegen das geschlossene Fenster. Plötzlich hörte ich hinter mir ein Geräusch, wie wenn etwas leise an das Fenster klopfte. Ich drehte mich um und sah, dass ein fliegendes Insekt von außen gegen das Fenster stieß. Ich öffnete das Fenster und fing das Tier im Fluge. Es war die nächste Analogie zu einem goldenen Skarabäus, welche unsere Breiten aufzubringen vermochten, nämlich ein Scarabaeide (Blatthornkäfer), Cetonia aurata, der gemeine Rosenkäfer, der sich offenbar veranlasst gefühlt hatte, entgegen seinen sonstigen Gewohnheiten in ein dunkles Zimmer gerade in diesem Moment einzudringen.*

Solche Vorkommnisse legen die Vermutung nahe, dass Zusammenhänge und Verbindungen existieren zwischen den materiellen Erscheinungen und dem, was wir denken, sagen und tun.

Verbunden-Sein

Wir mögen diese Quelle unserer Intuition als „das Unbewusste", „das Unterbewusstsein", „die innere Stimme", „unsere innere Führung" oder „unsere Seele" bezeichnen. Einerlei! Wir spüren, dass diese Quelle aus dem tiefsten Inneren, unserem Urgrund heraus kommt und dass es etwas ist, was uns als Menschen geschenkt wurde. Es ist etwas jenseits von Energie und Materie. Es ist die Verbindung zu etwas Erhabenem, Großem und Ewigem, etwas, das immer da war und immer da sein wird. In dem Moment, in dem wir das erfühlen, erspüren, erkennen, werden wir ehrfürchtig. Wir ahnen die Größe, die Allgegenwart und Allmacht des einen Geistes, werden demütig und unendlich dankbar, erfahren, dass auch wir ein Teil dessen sind. Ja, auch wir sind ewige Wesen, individualisierte Teile des einen großen Geistes, den viele von uns als Gott bezeichnen. Wir erkennen uns als das, was wir sind, als göttliche Wesen, die auf die Erde gekommen sind, um hier in diesem menschlichen Körper mit all seinen Bedürfnissen und all seinen Fähigkeiten ihre Erfahrungen zu machen.

Wenn die beschriebene tiefe Dankbarkeit und Ehrfurcht unseren Alltag durchdringt, wenn wir all die tausend Dinge, die wir jeden Tag zu erledigen haben, in diesem Bewusstsein tun, dann sind wir zum SeelenMenschen geworden. Dann leben wir in tiefem Einklang mit allem, was uns umgibt, der Umwelt, der Natur, den Mitmenschen und vor allem mit uns selbst. Wir sind über all die menschlichen Abgründe hinausgewachsen. Wir beurteilen niemanden mehr nach irgendwelchen erdenmenschlichen Maßstäben, wir sind nicht mehr in polaren Denkmustern gefangen, und wir lassen zu, dass Dinge geschehen können, die wir zuvor niemals für möglich gehalten hätten. Wir schaffen Raum für Möglichkeiten, für Entfaltung, für Licht, für das „Licht der Welt" und für unser eigenes Licht

Jesus Christus spricht:

> *Ich bin das Licht der Welt. Wer mir nachfolgt,*
> *der wird nicht wandeln in der Finsternis,*
> *sondern wird das Licht des Lebens haben.* (Joh. 8,12)

Wir verstecken uns nicht mehr vor der eigenen Größe, sondern wir lassen andere Menschen daran teilhaben. Marianne Williamson hat dies wunderschön in einem Gedicht über „Ein Kurs in Wundern" zum Ausdruck gebracht.

Die größte Angst

Unsere größte Angst ist nicht, unzulänglich zu sein.
Unsere größte Angst besteht darin, unermesslich mächtig zu sein.
Unser Licht, nicht unsere Dunkelheit, ängstigt uns am meisten.
Wir fragen uns, wer bin ich überhaupt,
um strahlend, bezaubernd, begnadet und phantastisch sein zu dürfen?
Wer bist du denn, dass du das nicht sein darfst?
Du bist ein Kind Gottes.
Es dient der Welt nicht, wenn du dich klein machst.
Sich herabzusetzen, nur damit unsere Mitmenschen sich nicht verunsichert fühlen,
hat nichts mit Erleuchtung zu tun.
Uns allen ist es bestimmt, wie Kinder zu strahlen.
Wir wurden geboren, um die Herrlichkeit Gottes in uns zu verwirklichen.
Es ist nicht nur in einigen Menschen, sondern in jedem von uns.
Und wenn wir unser Licht leuchten lassen,
geben wir damit anderen unwillkürlich die Erlaubnis, dasselbe zu tun.
Wenn wir losgelöst sind von unserer eigenen Angst,
wird unsere Anwesenheit andere befreien – ganz ohne unser Zutun.

Einige Jahrzehnte später bringt es Karl Gamper mit nur zwei kleinen Worten auf den Punkt:

Sei genial!

Das bedeutet nicht, dass wir alle solche Ausnahmefähigkeiten wie Beethoven oder Einstein haben müssten, sondern es bedeutet: Jeder von uns ist genial. Wir müssen nur authentisch sein und unser höchstes Potenzial mit all unseren Fähigkeiten zur Entfaltung bringen.

Unterscheidungsvermögen

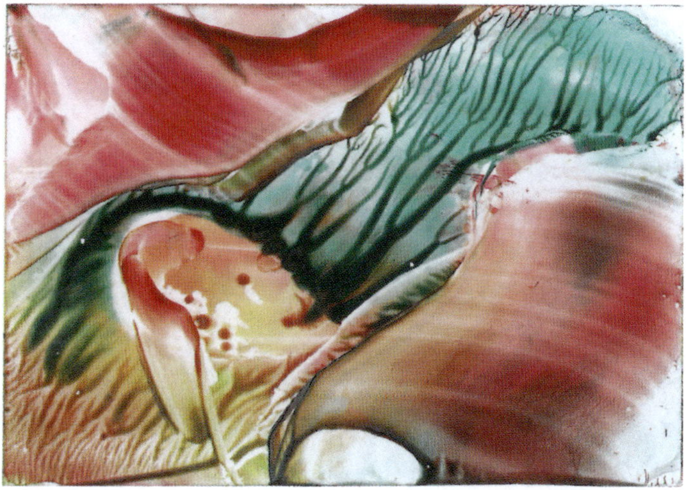

Ego oder Seele

Trotz der uns geschenkten Möglichkeiten befinden sich viele Menschen in ihrem Alltagsleben gefangen wie in einem Gefängnis. Wir gehen zur Arbeit, zum Einkaufen, versorgen unsere Angehörigen, erledigen den Haushalt, treffen uns mit Freunden und Bekannten und gehen dem ein oder anderen Hobby nach. Auch wenn uns die genannten Lebensbereiche alle mehr oder weniger betreffen, so liegt der Unterschied darin, wie wir diese ausfüllen. Wir können unser Gefühlsleben, unser Denken und Handeln ausschließlich auf die genannten Tätigkeiten unseres Erdendaseins richten. Dann erledigen wir unsere Aufgaben mehr oder weniger gut, verhalten uns freundlich oder eher missmutig und sind mit all diesen Aktivitäten restlos ausgelastet. Wir leben in und mit unserem Ego, dem kleinen Ich unserer irdischen Persönlichkeit, und sind uns keiner darüber hinausgehenden Bedürfnisse bewusst oder meinen zumindest, keine Zeit mehr für diesen „Schnickschnack" zu haben. Wir haben gute und weniger gute Eigenschaften und werden in der Regel von unseren Mitmenschen akzeptiert und in die Gemeinschaft aufgenommen. Wir sind ganz ErdenMensch, gute Darsteller im Spiel der Dualitäten.

> *Schüler fragt Meister: ‚Du trinkst deinen Tee wie ich, verbringst deine Tage wie ich. Meister erlaube mir die Frage: Wo ist der zentrale Unterschied?' Der Meister: ‚Es stimmt, was du sagst. Auf der Ebene der äußeren Erscheinung scheint mein Leben dem deinen sehr ähnlich zu sein.*
> *Ich essen, trinke, schlafe, gehe meines Weges wie du.*
> *Und doch: Du lebst in der Welt. Während hingegen die Welt in mir lebt. Das ist der entscheidende Unterschied'.*
>
> (Eugen Herriegel: Das Ziel ist in uns)

Sind wir uns jedoch unserer Potenziale als SeelenMenschen bewusst, so haben wir darüber hinaus auch Bedürfnisse, die mit den oberen Chakren in Verbindung stehen – das Bedürfnis nach (Selbst-)Erkenntnis und das Bedürfnis nach spiritueller Anbindung. Wir ahnen, spüren oder wissen sogar, dass wir Teil einer viel größeren Ordnung sind und erleben alle unsere irdischen Tätigkeiten aus einer höheren Perspektive heraus. Äußerlich mögen wir genauso leben, wie beschrieben. Doch wir nehmen aus allem, was uns auf unserem Weg durch unser irdisches Leben begegnet, die Wichtigkeit heraus. Wir wissen, dass all das zum „relativen Leben" gehört, also Illusion oder Maya ist, dass es nicht wirklich existenziell ist und dass es letztlich meist unerheblich ist, ob wir eine Angelegenheit heute oder erst morgen erledigen. Wir sind weniger gestresst, gehetzt, einfach gelassener und entspannter und wirken wohltuend auf unsere Mitwelt.

Das hat nichts mit Nachlässigkeit oder Gleichgültigkeit zu tun. Nach wie vor erledigen wir unsere Aufgaben gewissenhaft, und uns sind die Bedürfnisse unserer Mitmenschen wichtig, ja wir achten diese mehr denn je in ihrem (So-)Sein. Aber wie bei uns selbst, so erkennen wir auch hinter dem, was sie äußerlich darstellen, das, was sie wirklich ausmacht, ihr wahres Wesen. Wir bewerten und beurteilen sie nicht mehr, sondern lassen sie ihren eigenen Weg in Freiheit gehen. Wenn wir uns auf diese Geisteshaltung einlassen, erfahren wir unser Leben mit viel mehr Leichtigkeit. Was uns früher Sorgen bereitet hat, worüber wir uns den Kopf zerbrochen haben, das lassen wir jetzt innerlich vertrauensvoll los. Und siehe da, die Dinge fügen sich, sie fügen sich zu unserem Besten. Und wir haben, statt unsere Energie sinnlos zu verbrauchen, noch genug davon übrig, um uns um das zu kümmern, was wirklich zählt: um die Erfüllung unseres höheren Seelenplans für dieses Leben.

Im Gegensatz zu den Tieren, die ihrem Instinkt folgen müssen, haben wir Menschen einen freien Willen, das bedeutet die Möglichkeit, unserer Art von Instinkt (unserer Intuition) zu folgen oder eben nicht. Wenn wir dies tun, entscheiden wir uns für die Gesetzmäßigkeiten des Kosmos und leben im Einklang mit uns selbst und unserer Natur. Entscheiden wir uns dagegen – und wir haben es häufig und ausgiebig getan – verlassen wir den Pfad der Schöpfung, entfernen uns von unserer Bestimmung als ewige Lichtwesen. Dies geschieht, wenn wir ausschließlich unseren Verstand zum Meister unseres Daseins erheben.

Je differenzierter wir denken, je komplexere Gedankenkonstrukte wir erschaffen – so lautet die landläufige Auffassung – umso kulturell höherstehende Wesen sind wir. Doch damit erliegen wir einem Trugschluss. In Wahrheit verführt uns der isoliert benutzte, nicht in das „große Ganze" eingebundene Verstand dazu, uns gegen die Schöpfung und somit letztlich gegen uns selbst zu wenden. Seine Alleinherrschaft führt zu Trennung, Dualität, Emotionen und Leid, zu all den menschlichen Dramen, die wir auf globaler und persönlicher Ebene erleben. Die Auswirkungen davon liegen in Krieg, Gewalt, Ausbeutung, Betrug, Lüge und all den physischen und psychischen Verletzungen, die wir uns gegenseitig zufügen. All dies ist die Folge davon, dass wir nicht mehr im Einklang mit dem Kosmos schwingen, dass etwas ganz gehörig ins Ungleichgewicht geraten ist. Was immer wir getan haben mögen: In jedem neuen Erdenleben bekommen wir die Chance, zurückzukehren, uns wieder neu und diesmal anders zu entscheiden, immer und immer wieder, bis es schließlich gelingen mag.

Herausforderung

Doch die Herausforderungen steigen! Je vermeintlich höher entwickelt unsere Zivilisationen und Kulturen werden, je mehr und verschiedenartigere Denkkonstruktionen, Religionen, Philosophien, Ideologien wir erdenken und je mehr materielle „Errungenschaften" aus Wirtschaft, Technik und Wissenschaft wir als kreative Wesen erschaffen haben, umso schwerer fällt es uns, uns zurechtzufinden, zu unterscheiden, was wahr und was unwahr ist, was nützlich und was überflüssig oder gar schädlich. Heute kommt täglich eine Flut von Informationen und Nachrichten auf uns zu. Im Internet können wir alles abrufen, was wir nur wollen. Alles, was irgendwo ersonnen wird, ist uns heute zugänglich. Wir sind vernetzt mit der ganzen Welt. Es heißt, dass heute an einem einzigen Tag mehr Botschaften auf uns einströmen, als auf unsere Großeltern in einem ganzen Jahr.

Unsere Aufgabe ist es, zu unterscheiden, welche Berichte wir für wahr und welche für einseitig, manipulativ, gefärbt, halb wahr oder gar unwahr halten. Unser erlerntes Wissen und unser Verstand bieten dafür nur sehr unzureichende Unterstützung an, denn natürlich können wir nicht auf allen Gebieten Experten sein. Wir müssen uns also auf unsere Intuition verlassen, auf unsere innere Stimme, die uns den für uns richtigen Weg weist. Wir müssen wieder lernen zu erspüren, wie sich die Dinge anfühlen. Letztlich führt uns das wieder näher an unsere Bestimmung heran, von der wir uns doch so weit entfernt hatten.

Wenn wir krampfhaft versuchen, weiterhin alles ausschließlich mit unserem Intellekt zu erfassen, werden wir zwangsläufig scheitern. Wir werden unsere Wahrnehmung umfassender gestalten müssen als bisher, uns eher auf unseren Eindruck über die Ebenen hinter dem Offensichtlichen einlassen müssen, als wir es bisher getan haben. Wir müssen zu Beobachtern werden, jenseits der Argumente dafür und dagegen. So werden wir zurückfinden zu einem Leben, das im Einklang mit den kosmischen Gesetzen steht.

Es liegt mir fern, die Errungenschaften der modernen Menschheit in Bausch und Bogen zu verdammen. Vieles hat unser Verständnis vertieft, unseren Alltag leichter gemacht und unsere Möglichkeiten erweitert. Doch wir legen unser Augenmerk oft allzu sehr auf diese erweiterten Möglichkeiten als Selbstzweck und nicht darauf, wie sie uns dienen könnten im Sinne einer wirklichen Fortentwicklung. Unser Unterscheidungsvermögen ist umso mehr gefordert, je mehr es gibt, zwischen dem wir uns entscheiden müssen. Und leider haben wir uns nur allzu oft gegen den großen, allem zugrunde liegenden Weltenplan und damit gegen uns selbst und alle, die mit uns leben, ja gegen die Erde und das Universum entschieden. Das gilt für jeden Einzelnen von uns in jeder einzelnen Inkarnation, und gleichzeitig gilt es für die ganze Menschheit.

Von Neil Armstrong, dem ersten Menschen, der am 21. Juli 1969 die Mondoberfläche betreten haben soll, stammt der berühmte Satz:

> *Es ist ein kleiner Schritt für einen Menschen,*
> *aber ein großer Sprung für die Menschheit.*

In unserem Kontext erlangt diese Aussage eine ganz neue Bedeutung. Auf unser Entwicklungspotenzial als Menschheit bezogen erscheint es nur als kleiner Schritt, wenn wir uns als einzelner Mensch bemühen, zu unserer Bestimmung als Lichtwesen zurückzufinden, doch es kann zu einem großen Sprung für die gesamte Menschheit werden, zu einem Quantensprung in der Evolution. Dies kann geschehen, wenn eine „kritische Masse" erreicht wird, die nach den genannten Prinzipien handelt. Die Weltbevölkerung entwickelt sich inzwischen in Richtung der acht Milliarden, eine Anzahl, die nach Ansicht des Nobelpreisträgers Ilya Prigogine (1917–2003) ausreicht, damit ein System auf die nächsthöhere Stufe der Komplexität springen kann. In unserem Zusammenhang ist der einzelne Mensch als „Zelle" des Erdenkörpers Menschheit gemeint.

Es gibt auch das „Gesetz der Wenigen", zusammengefasst in dem Begriff „Tipping Point = Umkipp-Punkt". Dieser Begriff wurde erstmals 1957 von Morton Grodzins erwähnt und später von dem US-amerikanischen Ökonom Thomas Schelling weiterentwickelt. Im Jahre 2000 brachte der Autor Malcolm Gladwell das Buch: *„Tipping Point – Wie kleine Dinge Großes bewirken können"* heraus, wodurch der Begriff eine gewisse Popularität erlangte. Bezogen auf unser Beispiel bedeutet dies, dass eine relativ kleine Anzahl von Menschen, die in einem bestimmten Bewusstsein leben, einen Wendepunkt im Bewusstsein der gesamten Menschheit herbeiführen kann.

So hat Neil Armstrong also, vermutlich ohne es zu wollen, eine Wahrheit ausgesprochen, die wir unterstreichen können. Die Ironie daran ist, dass es berechtigte Zweifel daran gibt, dass er und seine

Nasa-Kollegen tatsächlich auf dem Mond gelandet sind. In der ganzen Welt saßen damals Millionen Menschen vor den Bildschirmen und verfolgten das Spektakel elektrisiert. Zusammen mit meiner Mutter gehörte ich dazu, und niemandem von uns wäre damals in den Sinn gekommen, dass daran irgendetwas nicht stimmten könnte. Unsere Aufmerksamkeit lag gebannt auf dem Gesamtgeschehen, dass wir als weltbewegend empfanden. Im Nachgang zu dem Ereignis hörte man vereinzelt Stimmen, die auf Ungereimtheiten hinwiesen: Schatten, die es nicht hätte geben dürfen, Windbewegungen, die die amerikanische Flagge zum Flattern brachten und einiges mehr. Doch wurden diese aufkeimenden Zweifel zumindest in meiner Umgebung als Verschwörungstheorien abgetan. Mit dem gebührenden Abstand kamen auch mir immer mehr Zweifel an der Glaubwürdigkeit des Ereignisses.

Als ich kürzlich auf ein Youtube-Video stieß, verdichteten sich diese Zweifel vehement. In dem Video wurden Reden und Aussprüche umgekehrt abgespielt (reverse speech). Durch das Rückwärtssprechen drücken sich nach Auffassung von Karina Kaiser das Unterbewusste und manchmal auch die Seele des Sprechenden aus. Im Falle von dem angeblich auf dem Mond Gelandeten hörte man kurz vor dem entscheidenden ersten Schritt auf den Erdtrabanten deutlich die Worte: „Joke engineered now", was so viel wie „Der Scherz/die ‚Theater-Szene' ist jetzt hergestellt/inszeniert" bedeutet. Danach hätten Neil Amstrong und seine Mitstreiter also die Welt zum Narren gehalten, ob freiwillig oder erzwungener maßen sei dahingestellt. Glücklich erschienen sie jedenfalls nicht während der Pressekonferenz, in der der angeblich größte Coup der Menschheit besprochen wurde, an dem sie ja maßgeblich beteiligt gewesen sein sollten. Ein anderes Auftreten, das mehr Begeisterung zum Ausdruck gebracht hätte, wäre uns da plausibler erschienen.

Unterscheidungshilfen

Aber wie erkennen wir nun, was Wahrheit und was Lüge und Manipulation ist? Jeder mag seine persönliche Wahrheit haben und selbstverständlich gibt es über alle Themen unterschiedliche Sichtweisen und Auffassungen. Das ist in Ordnung so und es geht nicht darum, Menschen anderer Gesinnung zu „bekehren". Jeder Mensch hat seine eigene Wahrheit. Doch diese Wahrheiten sind relativ. Sie hängen zum Beispiel davon ab, wo wir geboren wurden, was wir gelernt haben und wem wir begegnet sind. Jenseits davon gibt es auch noch eine andere, eine absolute Wahrheit, die für alle Menschen gleichermaßen Gültigkeit hat. Diese gilt es, für uns alle zu erkennen. Dabei haben uns in der Vergangenheit die großen Menschheitslehrer unterstützt. Sie sprechen die Wahrheit aus und tragen sie als Katalysatoren in Welt hinaus. Allein schon durch ihre Erscheinung und Ausstrahlung schaffen sie Vertrauen und helfen somit auch anderen Menschen, unterscheiden zu lernen.

Hier drängt sich der Gedanke an einzelne Inkarnationen herausragender Meister auf. Beispielhaft sei hier an Jesus Christus erinnert. Ein einzelner Erleuchteter, der ganze drei Jahre aktiv auf der Erde gewirkt hat, eröffnete der Menschheit einen völlig neuen Bewusstseinshorizont. Er verdeutlichte ihr, welchen Weg sie bis dahin gegangen war, eröffnete ihr die Möglichkeit umzukehren, sich zu entscheiden, es anders zu machen. Einzelne mögen diese Möglichkeiten genutzt haben, doch bisher blieben es Einzelne. Das Gros der Menschheit ist dem alten, „bewährten" Weg von Angst und Begrenztheit auch nach Christi Erscheinen auf der Erde gefolgt, ja hat sich abgewandt von seinen Lehren; bemerkenswerterweise diejenigen am meisten, die sich offiziell auf ihn berufen. Die sogenannte „christliche Kirche" hat sich als Institution zum Inbegriff von Trennung und Dualität und allen damit implizierten Folgen (s. o.) entwickelt. An dieser Stelle seien nur kurz einige Stichworte hierzu erwähnt:

- Verdammung und Missachtung des weiblichen Prinzips und ganz besonders der Frau
- Verhinderung der freien Entfaltungsmöglichkeiten des Menschen als Individuum infolge von Dogmatismus
- Verbreitung von Angst vor weltlichen Institutionen und vor einem strafenden Gott, wenn man seine vermeintlichen Regeln nicht einhielt
- (Religions-)Kriege
- Folterungen
- Hexen- und Ketzerverbrennungen

Dies alles geschah, weil wir die Lehren eines Erleuchteten missverstanden, sie in ihr Gegenteil verkehrten, ja sie als Vorwand für Machtinteressen missbrauchten.

Doch gleichzeitig gab es immer auch die anderen. Diejenigen, die sich an den wahren Lehren Christi orientierten, diejenigen, die dafür sorgten, dass diese über Jahrhunderte und Jahrtausende nicht in Vergessenheit gerieten und die sie mit noch viel älterem Menschheitswissen verbanden. Sie erhielten die Erinnerung daran aufrecht, z. B.

durch den Bau der großartigen gotischen Notre-Dame-Kathedrale, in Chartres und anderswo. Im Gedenken an das Leben und Wirken von Jesus Christus und seiner gleichwertigen Partnerin Maria Magdalena. Und es gab und gibt diejenigen, die die Botschaften verstehen, die in den Skulpturen und Glasfenstern dieser wunderbaren Bauwerke mehr oder weniger verborgen liegen, und diejenigen, die diese Botschaften in ihr Leben integrieren.

Das Unterscheidungskriterium ist also die Wahrheit, nicht die relative Wahrheit, die wir meinen, durch Abwägen des Für und Wider, der Argumente von Pro und Kontra ermitteln zu können, sondern die absolute Wahrheit. Diese aber wird nicht von Menschen geschaffen, sondern sie kommt aus dem Absoluten, aus der Quelle selbst heraus. Wir können sie nicht logisch abwägen, wir können sie nur erspüren, unsere feinstofflichen Antennen ausfahren und die Botschaften auffangen, die uns eindeutige Hinweise geben auf den Ursprung des Unterscheidungsgegenstands. Alles, was im Einklang mit den sieben kosmischen Gesetzen schwingt, ist absolut und wahr.

Ab und zu bekamen wir Schützenhilfe von großen Meistern, vorausgesetzt wir folgen den Ursprüngen ihrer Lehren. Buddha war kein Buddhist und Christus kein Christ. Aus ihrer Lehre machte man eine Religion. Beide haben uns vielmehr den Weg in eine tiefere Seinsebene gezeigt. Sie haben erkannt, weshalb wir Menschen hier auf der Erde waren und sind, nämlich um eine Erfahrung in einem menschlichen Körper zu machen. Dabei haben wir immer den freien Willen, uns zu entscheiden. Für Gut oder Böse, Wahrheit oder Lüge, Licht oder Finsternis. Sie waren auf der Erde, um uns darin zu unterstützen, unterscheiden zu lernen und die absolute Wahrheit zu erkennen.

Heute ist eine neue Zeit. Wir spüren, dass die alten Muster ausgedient haben, und so gibt es heute auch neue Hilfsmittel. Das geht nicht von einem Tag auf den anderen, sondern vollzieht sich in einem Prozess. Doch dieser Prozess hat jetzt einen Entwicklungsstand erreicht, von dem aus ein Quantensprung ganz plötzlich geschehen kann. Karl Gamper erklärt diesen Vorgang am Beispiel der Raupe, die sich zum Schmetterling transformiert:

> *Aus einer Raupe wird ein Schmetterling. Da uns dieser Vorgang so geläufig ist, übersehen wir leicht die inneren Prozesse, die aus einem kriechenden, gefräßigen Wurm einen bunten, fliegenden Schmetterling werden lassen. Ein vollkommen anderes Wesen. Um die darin verborgene Genialität besser zu verstehen, hier ein Röntgenblick auf das innere Geschehen.*

Welche Prozesse werden gestartet, damit aus einer Raupe ein Schmetterling wird?

...

Das Ende der Lebenszeit einer Raupe wird durch neue Zellen eingeläutet, die sich im Inneren der Raupe bilden. Eine Art naturgegebener Aktivierungscode löst das Werden neuer Zellen aus. Wichtig: Die neuen Zellen schwingen in einer höheren Frequenz als der Rest des Raupenkörpers. Wissenschaftler nennen diese höher schwingenden Zellen „imaginativ“ oder einfach „Imago-Zellen“. Die imaginativen Zellen enthalten Strukturen und Informationen des Schmetterlings, der sich in der Zukunft bilden soll. Imago-Zellen repräsentieren sozusagen das Zukunfts-Selbst der Raupe.

...

In der Raupe wird das Immunsystem aktiviert. Dieses greift die neuen Zellen an und bekämpft sie. Viele werden getötet. Dabei gilt es deutlich zu sehen: Die Raupe erkennt die neuen Zellen NICHT als Zellen aus ihrem eigenen Körper an, sondern ordnet diese als etwas Raupenfremdes ein, das es zu bekämpfen gilt. Tatsächlich werden viele Imago-Zellen der ersten Generation getötet. Doch es bildet sich sogleich eine zweite Generation von imaginativen Zellen, die sich schnell vermehren. Diese werden auch angegriffen, doch mit einem deutlich geringeren Ergebnis.

(!) Sehr spannend dabei ist, dass die Imago-Zellen die angreifenden Immunzellen als Ihresgleichen erkennen. Dies wiederum führt zu einem Sinneswandel bei den angreifenden Immunzellen. (!)

Im Kern geht es in diesem Stadium noch um einen Kampf zwischen dem Alten und den Neuen.

Wie geht es weiter?
Im Inneren der Raupe geschieht etwas höchst Erstaunliches. Die ursprünglich isoliert agierenden Imago-Zellen beginnen, sich untereinander zu erkennen und verbinden sich. Es entstehen imaginative Klumpen.

Der nächste Schritt?
Im nächsten Schritt verbinden sich diese einzelnen imaginativen Klumpen mit anderen, werden so größer, und es formen sich imaginative Gruppen, ja sogar regelrechte Netzwerke.

Was führt zum Durchbruch?
Was nun geschieht – wenn wir den Blick wach halten für die Analogie, die dieser Prozess aufzeigt – ist atemberaubend. Denn die imaginativen Gruppen und Netzwerke im Inneren der Raupe bilden nun lange Fäden, die in der gleichen hohen Frequenz schwingen, wie die Imago-Zellen. Diese Fäden verbinden jetzt die sich bereits gebildeten Netzwerke miteinander, um Informationen auszutauschen. Das Ende der imaginativen Einzelanstrengung ist damit gekommen.

Und wie zeigt sich dieser entscheiden Punkt?
Der entscheidende Punkt ist erreicht, wenn sowohl die imaginativen Fäden als auch die imaginativen Gruppen begreifen, dass sie etwas anderes sind als die Raupe. Etwas Neues! Etwas, das zwar aus der Raupe kommt – doch mit einem vollkommen gewandelten Selbstverständnis. Mit der Erkenntnis ihrer verwandelten Identität transformieren die imaginativen Zellen den alten Raupenkörper von innen. Das ist die eigentliche Geburt des Schmetterlings.

Jeder einzelne von uns ist nun gefordert, die Verantwortung für sein Denken, Fühlen und Handeln selbst zu übernehmen. Wir brauchen keine großen Meister mehr, sondern können unsere eigene Genialität zum Leben erwecken, unsere ganz besonderen Gaben und Talente, unsere Meriten, in das „große Ganze" einbringen und so zum Entstehen des großen Bildes und letztlich zum Quantensprung beitragen.

Der neue Buddha ist eine Community. Die Grundbedingung für eine solche erstrebenswerte Community ist der Einzelne, der in sich das Neue aktiviert hat, darum weiß und sich trainiert, sein alltägliches Handeln mit dem Neuen zu durchtränken. (Thich Nhat Hanh)

Entscheidung

Schöpfer unserer Realität

In dem Moment, in dem wir uns selbst als göttliche Lichtwesen erkennen, haben wir uns gleichzeitig für das Licht, die Wahrheit und das Leben entschieden und gegen die Dunkelheit, gegen Lüge, Angst und jede Art von Begrenzung.

> *Jesus spricht zu ihm: ich bin der Weg und die Wahrheit und das Leben, niemand kommt zum Vater denn durch mich.*
>
> (Joh. 14.6)

Diese Seite der Dualität liegt jetzt hinter uns. Wir benötigen sie nicht, denn sie steht unserer Entwicklung zum erfüllten SeelenMenschen entgegen. Wir leben, fühlen, denken und handeln im Einklang mit dem göttlichen Willen. Wir haben verinnerlicht, wer wir wirklich sind. Wir haben erkannt, dass die äußere Welt ein Spiegel unserer inneren Welt ist. Das bedeutet, wenn es etwas zu verändern gilt, dann müssen wir in unserem Inneren damit beginnen. Wir müssen abwägen, wann wir aktiv in das Geschehen eingreifen und es in eine bestimmte Richtung vorantreiben oder wann wir den Dingen ihren Lauf lassen, sie einfach geschehen lassen sollten. Aktivität und Passivität, Yang und Yin, das Männliche und das Weibliche, das Eckige und das Runde, das sind jeweils Seiten eines polaren Ganzen. Anders als bei der Dualität haben hier beide Seiten der Medaille ihre notwendige Entsprechung, um zusammen ein Ganzes zu bilden. Wir können mit diesen Polen spielen und sie so einsetzen, wie wir es für die jeweilige Situation am ehesten als zielführend erachten. Sie sind das Werkzeug, das uns zur Verfügung steht, um unsere Entscheidung durchzusetzen und zu leben.

Vor diesem Hintergrund wird deutlich, warum es mächtige Kräfte in der Welt gibt, die unsere Selbsterkenntnis mit aller Kraft verhindern wollen. Wenn wir erst einmal erwacht sind, werden wir nicht mehr glauben, was sie uns weiszumachen versuchen, lassen wir uns nicht mehr manipulieren, werden wir nicht mehr in Angst leben und in Trennung. Neid, Missgunst, Armut, Mangel, Bewertung und Krieg gehören endgültig der Vergangenheit an, und dann sind wir nicht mehr offen für Manipulationsversuche. In diesem Zusammenhang erinnere ich mich an einen Spruch aus der Friedensszene der 1970iger Jahre, der uns eine Zeit lang von überall her entgegen sprang:

> *Stell dir vor, es ist Krieg und keiner geht hin.*

Dieser Spruch brachte es schon in der Hippiezeit auf den Punkt: Wenn wir einfach nicht mehr mitspielen in dem Theater, wenn wir uns für die Seite des Lichts und der Liebe entscheiden, laufen die Aktivitäten der Manipulateure ins Leere, erreichen uns nicht. Wir werden unangreifbar, weil wir ewige göttliche Wesen sind und uns als solche erkannt haben. Unsere Frequenz wird dann so hoch schwingen, dass wir andere lichtvolle Wesen anziehen und von ihnen angezogen werden. Auf diese Weise werden wir die Welt verändern, werden den Raum einnehmen und keinen Platz mehr lassen für niedere Frequenzen, und wir werden zur Evolution der Menschheit beitragen.

Längst zeigt sich das Erwachen auf breiter Ebene. Keine Machenschaft der Manipulateure bleibt mehr unentdeckt, es bilden sich überall Meditations- und Gesprächskreise zwischen Gleichgesinnten, Menschen, die sich gegenseitig als solche erkennen, und es entstehen neue Methoden, um uns bei unserer Absicht zu unterstützen.

Seit vielen Jahren werden Kinder auf diesem Planeten geboren, die uns darauf hinweisen, dass die Welt sich im Umbruch befindet. Zuerst waren es die Indigos, die die Aufgabe übernommen haben, ihre Elterngeneration auf Missstände hinzuweisen. Sie haben es mit Widerstand und vermeintlichem Trotz getan und uns das Leben damit nicht immer leicht gemacht. Doch viele von uns, der Elterngeneration, haben es schließlich verstanden. Dann kamen die Kristall- und Regenbogenkinder, die uns manchmal wie kleine Engel auf Erden erscheinen. In ihrer Gegenwart fällt es uns noch leichter, an unsere göttliche Herkunft zu glauben.

Der Aufstieg der Menschheit hat also längst begonnen. Er beschleunigt sich von Tag zu Tag, und er wird schließlich zu der Erlösung führen, die Christus uns bereits vor 2000 Jahren vorgelebt und verkündet hat. Immer mehr Menschen kommen in Kontakt mit ihrer geistigen Führung, holen ihr Licht unter dem Scheffel hervor und lassen es leuchten in der Welt, zu ihrem eigenen und zum Wohle aller. Yoga, Meditation, Geistheilung und Lichtarbeit finden Verbreitung wie nie zuvor. Die Praktizierenden werden zu Katalysatoren in der Welt und unterstützen mit ihrem Wirken die Menschen, die noch eine kleine Entscheidungshilfe benötigen, um sich dann selbst auf den Weg zu begeben. Auf diesem Weg sind wir auch von höherer Stelle nicht alleingelassen. Wir haben mächtige Verbündete, die uns zur Seite stehen. Wenn wir uns ihnen gegenüber öffnen, dann wird alles möglich.

Werden diese Kräfte aktiv, dann spüren wir es sofort. Es kommt aus unserem tiefsten Inneren, ein Sog, der uns in eine bestimmte Richtung zieht, eine Gewissheit, dass wir genau dies tun müssen. Es geht kein Weg darum herum, es gibt keine andere Möglichkeit. Wir sind erfüllt von diesem intensiven Gefühl der Unausweichlichkeit. Das gilt auch dann, wenn unser Verstand uns zu sagen versucht: „Lass es! Es bringt nichts! Es kann nicht funktionieren!" Diese Gedanken mögen aufkeimen, doch sie können sich nicht wirklich durchsetzen gegen das mächtige Sehnen unserer Seele. Ja, sie können sich nicht einmal richtig entwickeln und ausbreiten. Wenn dies so ist, hören wir auf unsere innere Stimme, unser Herz, unsere Seele. Wir folgen unserem Seelenweg. Er allein führt dazu, dass wir uns als kosmische Wesen weiterentwickeln, dass karmische Begegnungen und Handlungen sich ausgleichen können, nun endgültig zum Abschluss gebracht werden. Es gibt kein Zurück. Wir lassen uns führen von der Stimme unserer Seele. Sie zeigt uns den Weg. Dieser Weg wird nicht immer einfach und gradlinig verlaufen, aber es ist der richtige Weg, der einzige, den wir gehen können. Zur Verdeutlichung möchte ich ein Beispiel aus meinem Leben anführen:

In meinem Inneren reifte etwas, das ich zunächst nicht benennen konnte. Doch schließlich spürte Ich, ich musste mich sichtbar machen, mit meinen Aura-Soma-Produkten, den Signs-Produkten und meiner Vision von NeuLand, heraus aus den Kellerräumen meines Privathauses. Zwar hatte ich diese erst kürzlich schön für diesen Zweck umgebaut und gestaltet, doch es verirrte sich keine Kundschaft dorthin. Ich wohnte in einer kleinen Nebenstraße, wo außer den Anwohnern niemand vorbei kam. Daran konnten auch meine Werbemaßnahmen und Messeauftritte nichts ändern. Ich streifte durch die Straßen verschiedener Stadtteile auf der Suche nach einem geeigneten Ladenlokal. Schließlich ging ich um die Ecke in meinem eigenen Stadtteil und fand genau das, was ich suchte. Mein Verstand wusste, dass hier nicht das richtige Pflaster für ein derartiges Vorhaben war. Die überwiegende Bevölkerung bestand aus älteren Leuten, die sich auf ihre gesundheitlichen Einschränkungen konzentrierten, Familien mit kleinen Kindern, wenig offenen Menschen ähnlich einer Dorfbevölkerung, denn mein Stadtteil war in Wirklichkeit nichts anderes als ein eingemeindetes Dorf.

Die mich umgebenden Menschen begannen sofort vernunftbetont zu rechnen: „Rentiert sich das? Kann man damit Geld verdienen? Sind die Risiken überschaubar?" Auf dieser Ebene lautete die Antwort ganz klar: „Nein, das alles ist nicht gegeben." Und wenn schon, ich muss es dennoch tun. Es ist meine Herausforderung, gerade hier, wo es ungeeignet scheint, ein Zeichen zu setzen, ein Zeichen dafür, dass das Leben etwas ganz anderes bedeutet, als das, was die meisten hier wohnenden Menschen darunter verstehen. Durch meine Präsenz wird sich etwas verändern, bei jedem Einzelnen, der an diesem Geschäft vorbeigeht. Darüber empfinde ich eine tiefe Gewissheit, und meine inneren Helfer geben mir täglich weitere Hinweise. Also habe ich es dieses Ladenlokal gemietet und eingerichtet. Ich werde die Welt damit ein kleines bisschen verändern, ihr auf meine Weise *„ein Lächeln hinzufügen"*.

Übergeordnete Wahrheiten

Das Licht der Weisheit ist nichts, was du wahrnehmen könntest.
Denn deine Wahrnehmung selbst ist das Licht der Weisheit.
Dein wahres Selbst ist kein Teil deines Bewusstseins.
Wenn du dir selbst bewusst bist,
dann bist du das nur, weil du dich mit den anderen vergleichst.
Aber so, wie du dir deines Schlafes nicht bewusst bist,
so bist du dir auch deines wahren Selbst nicht bewusst.
Aber nur, weil du es nicht sehen oder verstehen kannst,
heißt das nicht, dass du nicht eins damit sein könntest.
In Zazen bist du wirklich eins mit dir selbst. (Kodo Sawaki)

Im Einklang mit den kosmischen Gesetzen werden hier drei große Wahrheiten über den Menschen beschrieben. Diese Wahrheiten werden jeweils unter der Überschrift „Gegenthese" auf den Punkt gebracht, nachdem zunächst unter der Überschrift „These" die meist gängige und verbreitete Meinung erläutert wurde. Beide Pole werden nicht, wie in der dialektischen Darstellung üblich, zu einer Synthese zusammengeführt. Denn es geht in unserem Zusammenhang nicht darum, eine Wahrheit und eine Unwahrheit zu einer Halbwahrheit zu vereinigen, sondern es geht um die Darstellung der absoluten Wahrheit. Deshalb steht es jedem Leser und jeder Leserin frei, sich für eine der beiden Sichtweisen zu entscheiden.

Danach lauten die drei wichtigsten Wahrheiten:

- Wir sind göttliche Lichtwesen
- Wir existieren ewig. Auf der Erde leben wir während eines jeden Lebens in einem menschlichen Körper, der uns befähigt, Karma aufzulösen.
- Die Seele erfüllt ihre Lernaufgabe, jenseits dessen, was das menschliche Ego als Erfolg oder Misserfolg betrachtet.

Affe oder Lichtwesen

These: Die Evolution des Lebens hier auf der Erde hat vor einigen Milliarden Jahren mit dem Auftauchen der ersten Einzeller begonnen. Zufällig entwickelten diese neue, sich vom bisherigen unterscheidende Fähigkeiten, von denen einige ihrer Umgebung besonders gut angepasst waren und sich deshalb erfolgreich gegen die weniger angepassten durchsetzten. So kam es durch Mutation (dauerhafte Veränderung des Erbguts) und Selektion (Aussonderung der weniger gut angepassten Lebensformen) zu immer komplexeren Strukturen. Aus Einzellern wurden Mehrzeller, aus Fischen Landtiere, aus Reptilien Säugetiere und aus den gemeinsamen Vorfahren von Menschen und Affen schließlich Menschen. Der Mensch unterscheidet sich nach dieser Auffassung hauptsächlich durch seinen aufrechten Gang und sein komplexeres Denkvermögen von den Primaten. Auch wird ihm bescheinigt, dass er das Zeug zum Selbstbewusstsein habe.

Der Mensch ist die „Krone der Schöpfung" und darf sich als solche über das übrige Leben erheben und dieses uneingeschränkt für seine Zwecke benutzen.

Außerhalb der Erde wurde noch kein intelligentes Leben entdeckt. Wenn es dieses irgendwo geben sollte, müssten die Bedingungen dort ähnlich wie auf der Erde sein.

Gegenthese: Evolution hat so, wie es uns in der Nachfolge Charles Darwins namhafte Wissenschaftler bis heute weismachen wollen, niemals stattgefunden. Der Mensch ist kein weiterentwickeltes Tier, kein um ein wenig Intellekt bereicherter Affe, und auch seine pflanzlichen und tierischen Mitbewohner auf der Erde sind nicht zufällig aus den jeweils zuvor vorhandenen Arten entstanden. In der Natur existiert überall Bewusstsein, eine Erkenntnis, die wir heute erst beginnen, zu entdecken. Ein Beispiel dafür ist die Schwarmintelligenz. Damit sind Verhaltensweisen von Individuen einer Gattung gemeint, die dem großen Ganzen dienen. Im Fokus ist das Gelingen von etwas Größerem, in das jedes Individuum seine eigenen Fähigkeiten einbringt, eine Verhaltensweise, wie wir sie von Insekten, Vögeln oder Fischen kennen, die sich aber auch in unserem eigenen Körper abspielen kann, wenn sich Mikroorganismen zu bestimmten Verhaltensweisen „verabreden", die für den Gesamtorganismus förderlich sind. Auch wir Menschen können unsere Intelligenz mit derjenigen anderer Menschen befreit von ihrem eigenen Ego-Standpunkt, bündeln und auf ein höheres Ziel hin ausrichten. Das setzt voraus, dass wir bereit sind, von unserem ungesunden Recht-Haben-Wollen/-Müssen abzulassen, um im größeren Strom des Miteinanders zu fließen.

Ich steuere, indem ich mitfließe (Karl Gamper)

Armin Risi belegt diese These eindrucksvoll anhand vieler Einzelbeispiele in seinem Buch „Evolution. Stammt der Mensch von den Tieren ab?“. Danach fand Entwicklung von oben nach unten statt, nicht von unten nach oben. Genau wie unsere irdischen Mitgeschöpfe, die Pflanzen und Tiere, tragen wir den Bauplan des Universums in uns, und wir wurden von höheren Lichtwesen erschaffen. (Armin Risi: „Ihr seid Lichtwesen“). Er prägte den Begriff der „Involution“, um zu beschreiben, dass der Geist, das höher Schwingende, den Körper, das niedrig Schwingende, beseelt. In Anlehnung an die vedische Vorstellung schreibt er bereits 1995 in seinem Werk „Gott und die Götter“ über den biologischen Aspekt der vedischen Kosmologie:

> *Hierher gehört die Frage nach der Entwicklung der Lebensformen. Innerhalb des Bereiches von Prakriti wird die Pradhana-Energie – durch das Medium von Shiva und Brahma – zu feinstofflicher Materie und diese zu grobstofflicher Materie verdichtet (universell wie individuell). Materie an sich hat weder Anlass noch Kraft, sich selbst durch Zufall und Mutation zu lebenden Körpern zusammenzufügen, weil Leben kein Produkt von Materie ist.*

Wenn Lichtwesen uns erschufen, sind wir Teil eines großen Schöpfungsplans, und wir sollten mit diesem im Einklang leben. Wir können uns die übrige Schöpfung zwar zunutze machen, jedoch dürfen wir sie nicht zu unserem vermeintlichen Vorteil ausnutzen. Damit nutzen wir niemandem, auch nicht uns selbst.

Wenn unser Ursprung als verkörperte Menschen Bewusstsein ist, dann ist Bewusstsein auch überall sonst im Universum präsent. Auf allen Verdichtungsebenen des Kosmos gibt es demnach Leben in den unterschiedlichsten Erscheinungsformen. Somit müssen außerirdische Welten nicht zwangsläufig so aussehen wie unsere Erde, und das Leben dort kann sich nach ganz anderen Gesetzmäßigkeiten abspielen als bei uns.

Wir als ewige Individuen sind eingeladen, uns unserer göttlichen Herkunft bewusst zu werden und uns darum zu bemühen, dieser durch unser Leben und Wirken auf der Erde gerecht zu werden. Wir erkennen unsere Aufgabe in unserem Leben und erfüllen sie mit Hilfe unserer Fähigkeiten und Talente bestmöglich.

Wenn wir unseren Weg erkannt haben, dürfen wir diesem strikt folgen, ohne uns durch „wohlwollende" Mitmenschen, die es „besser wissen" oder „widrige Umstände" davon abbringen zu lassen. Das allein bringt uns Erfüllung und dient dem großen Ganzen auf die bestmögliche Weise. Lassen wir uns nicht entmutigen, wenn es nicht immer auf dem direkten Weg funktioniert. Manchmal müssen wir die eine oder andere Schleife im Labyrinth des Lebens drehen. Doch unsere Seele funktioniert wie ein Navigationssystem. Der neue Standort wird registriert und die „Ansage" passt sich an diesen an.

Im Netzwerk karmischer Verstrickungen

These: Der Mensch kann allein mit dem Verstand die objektive Struktur der Wirklichkeit erkennen, sowohl auf physikalischem, metaphysischem als auch moralischem Gebiet. Dabei kann er auf ein Wissen vor jeder Sinneserfahrung (Wissen a priori) zurückgreifen. Die Offenbarung als Quelle von Wissen über die Zusammenhänge des Lebens ist überflüssig und wird abgelehnt. Maßgeblich geprägt wurde und wird dieses bis heute verbreitete Denken durch die häufig auf die berühmte Formel: „Ich denke, also bin ich" verkürzte Auffassung des französischen Philosophen René Descartes (1596–1650), die er folgendermaßen in seinem Werk „Prinzipien der Philosophie" zusammenfasste:

> *Indem wir so alles nur irgend Zweifelhafte zurückweisen und für falsch gelten lassen, können wir leicht annehmen, dass es keinen Gott, keinen Himmel, keinen Körper gibt; dass wir selbst weder Hände noch Füße, überhaupt keinen Körper haben; aber wir können nicht annehmen, dass wir, die wir solches denken, nichts sind; denn es ist ein Widerspruch, dass das, was denkt, in dem Zeitpunkt, wo es denkt, nicht bestehe. Deshalb ist die Erkenntnis: „Ich denke, also bin ich" (lat.: cogito, ergo sum) von allen die erste und gewisseste, welche bei einem ordnungsmäßigen Philosophieren hervortritt.*
>
> René Descartes

Das rationale Denken ist das höchste Prinzip des Menschseins. Wir glauben nur, was wir meinen beweisen zu können, allenfalls noch, was wir über unsere fünf Sinne wahrnehmen und was unsere Erfahrung uns lehrt (Empirismus). Wir wissen, dass unser Körper sterben wird und gehen davon aus, dass damit auch unser Leben beendet ist. Es mag sein, dass wir der Nachwelt etwas hinterlassen haben, wodurch wir eine Zeitlang in Erinnerung bleiben. Doch auch die Erinnerung verblasst und wird schließlich sterben. Damit sind wir endgültig ausgelöscht.

Descartes räumt die Fähigkeit des Bewusstseins nur dem Menschen ein. Tiere verfügen darüber seiner Meinung nach nicht. Wie Maschinen besitzen sie daher keine Seele und auch der Mensch wäre nichts weiter als eine leere Hülle, wenn er nicht denken und empfinden würde. Die Sinne können den Menschen aber auch täuschen, daher ist es notwendig, kritisch zu sein und zu zweifeln. Das Zweifeln des Menschen setzt seine Existenz voraus, da auch Zweifeln eine Form des Denkprozesses ist: Wer denkt, existiert folglich auch.

Gegenthese: Die Volkskrankheit Nummer eins ist der Rationalismus. Der Mensch ist nicht ausschließlich ein Wesen der Vernunft und sollte dies auch nicht anstreben. Dies ist eine Reduzierung auf eine einzige, wenn auch für unser Leben auf der Erde nützliche Eigenschaft, nämlich die des rationalen Denkens. In Wirklichkeit ist er jedoch ein Wesen aus Körper, Geist und Seele. Wir müssen lernen, dass die natürliche Einheit dieser drei Wesensbestandteile auf der Erde nicht endet. Wichtig ist, das Leben von der Inkarnation her zu begreifen. Alles, was wir als Menschen erleben, erleben wir, um es aufzulösen. Unser volles Potenzial können wir erst entfalten, wenn wir frei sind, frei von Verstrickungen im Zusammenleben mit anderen. Wenn uns kein Band mehr an jemanden anders bindet, dann sind wir frei, uns mit denen zusammenzutun, die uns guttun und denen wir guttun.

Die rationalistische Sichtweise ist aus mehreren Gründen einseitig und inakzeptabel. Sie ignoriert die übrigen Fähigkeiten des Menschen, die er ebenfalls für ein erfülltes Erdenleben benötigt. Er kann auch Gefühle und über seine fünf Sinne Eindrücke erleben. Darüber hinaus kann er sich mit der Quelle verbinden und spirituelle Erfahrungen auf feinstofflichen und geistigen Ebenen machen. All das wird zu seinem Erfahrungsschatz, und er kann in allen Situationen seines Lebens darauf zurückgreifen. Doch auch, wenn wir diese Fähigkeiten einbeziehen, bewegen wir uns noch auf der Ebene dieses einen Erdenlebens. Wenn wir den Menschen als Seelenwesen begreifen, kommt die Dimension der Ewigkeit hinzu. Unser jetziges Erdenleben kann nicht isoliert von allen übrigen betrachtet werden, sondern ist mit diesen über das Gesetz von Ursache und Wirkung mannigfaltig verknüpft und vernetzt.

Aus diesem Grund gehen so viele Beziehungen kaputt. Wenn keine neue Inkarnationskette begonnen wurde, müssen sie aus irdischer Sicht scheitern. Wir treffen einander immer und immer wieder, von Leben zu Leben, um miteinander ins Reine zu kommen. Erst, wenn dies vollständig gelungen ist, können wir etwas abschließen, ein für alle Mal. Dazu müssen wir im tiefsten Inneren versöhnt sein, versöhnt mit allem, was wir dem anderen angetan haben und damit, was er uns angetan hat. Dann erst kann etwas Neues beginnen.

Im Spannungsfeld von Schwäche und Stärke

These: Wir müssen im Leben erfolgreich sein. Zielstrebig sollten wir Schule und Ausbildung oder Studium absolvieren und einen Beruf erlernen, der unseren Fähigkeiten entspricht. Vielleicht sollten wir eine Familie gründen, uns mit unseren Fähigkeiten in die Gesellschaft einbringen und ein möglichst gradliniges Leben ohne Umwege führen. Alles, was uns davon abhält, ist hinderlich und muss bekämpft werden. Wenn wir krank werden, sollten wir alles tun, um schnell gesund zu werden. Wenn wir mit unseren Lebenszielen scheitern, ist das ein großer Misserfolg. Wir sind Opfer unserer eigenen Unzulänglichkeit oder misslicher Umstände geworden. Wir fühlen uns verletzt und gedemütigt. Je nach Temperament und Charakter reagieren wir unterschiedlich. Entweder schämen wir uns und ziehen uns aus dem Geschehen zurück, oder wir krempeln die Ärmel hoch und beginnen schnell ein neues Projekt.

Gegenthese: Das, was im Allgemeinen als Schwäche verstanden wird, kann in Wahrheit Größe und Dienst an der Menschheit sein.

> *Der Kosmos entfaltet seine unermesslichen Kräfte, wenn wir stets in bewusster Absicht denken und handeln, unabhängig von Konditionierungen. Erfolg ist unter diesem Gesichtspunkt die Konsequenz erfolgsorientierten Denkens und Handelns, das sich durch Rückkopplung und Selbstverstärkung vervielfacht.*
> (Demian Lichtensein in: Die Gabe – Entdecke deine Bestimmung und lebe sie)

Wenn wir über unser eigenes Ego hinauswachsen und der Menschheit einen wirklichen Dienst erweisen möchten, so ist das etwas Großartiges. Unsere Aufgabe ist es, zu erkennen, was unsere Bestimmung auf einer tieferen Ebene unseres Daseins ist. Wir sollen versuchen, unsere Persönlichkeit mit ihren besonderen Fähigkeiten mit dieser Aufgabe zu verbinden und daraus etwas zu formen, das der Welt dienlich ist. Aus erdenmenschlicher Sicht wünschen wir uns Erfolg, für uns selbst und für das, was wir für richtig und wichtig halten. Doch manchmal scheitern wir trotzdem auf dieser Ebene. Vielleicht war die Zeit noch nicht reif für unsere Idee, vielleicht traf sie nicht das, was die Menschen wirklich brauchten oder meinten zu brauchen, vielleicht haben wir den falschen Ort gewählt, um unser Projekt zu verwirklichen. Am wahrscheinlichsten jedoch ist, dass wir doch noch zu sehr zweifeln, zweifeln an unserem eigenen Genius und zweifeln daran, dass wir den für unser Vorhaben nötigen Beistand schon bekommen werden. Wie auch immer – wenn es nicht so klappt wie gewünscht, sind wir enttäuscht über unseren Misserfolg und, sollten wir finanzielle Mittel dafür aufgewendet haben, möglicherweise auch ruiniert.

Doch es ist keine Schande zu „scheitern"! Vielmehr bekommen wir die Chance, uns von dem Rückschlag zu erholen und daran zu reifen und zu wachsen. Tief in unserem Inneren wissen wir, warum wir keinen Erfolg hatten. Unsere wahre Größe besteht darin, diese Erkenntnis für unser weiteres Leben zu nutzen, es noch einmal zu versuchen und diesmal anders. Doch niemals sollten wir uns in einer Opferrolle häuslich einrichten, den Kopf hängen lassen und resignieren. Das wäre zwar eine Schwäche, die verständlich und nachvollziehbar sein mag. Doch sie hat ihre Wurzeln im Ego, sie rührt daher, dass wir uns verletzt fühlen und zurückgewiesen von der Welt, für die wir doch nur Gutes wollten. Wir fühlen unsere Bemühungen nicht gewürdigt und anerkannt.

Unsere Bestimmung im Leben jedoch ist nicht das Geschäft unseres Egos. Es ist die Seele, die sie bereits kennt und in die Welt bringen möchte. Sie stört sich nicht an weltlichen Erfolgen oder Misserfolgen. Sie strebt weiter und sucht nach neuen Möglichkeiten. Es gibt immer einen Weg! Und wenn wir Vertrauen in unsere geistige Führung haben, dann bekommen wir Hilfe und Unterstützung. Wenn wir voller Wachsamkeit und aufmerksam durch die Welt gehen, dann nehmen wir die vielen Hinweise, die uns zu neuen Möglichkeiten führen wollen, wahr. Manchmal fällt unser Blick auf eine Überschrift in der Zeitung oder die Ankündigung eines Theaterstücks und plötzlich wissen wir: ja, das ist die Lösung! Das ist mein neuer Weg! Oft erfahren wir auch im Traum, während wir schlafen, oder in der Meditation, wohin uns unsere nächsten Schritte führen könnten. Die Wege, diese Erkenntnisprozesse durch unser eigenes Zutun noch zu unterstützen, sind vielfältig. Immer haben sie jedoch damit zu tun, dass wir unsere Intuition und unsere inneren Helfer zu Meistern unseres Lebens machen und den dual agierenden Verstand mit seinem ständigen Für und Wider auch einmal zum Schweigen bringen. Wir können ihn wieder einsetzen, wenn es an die sinnvolle Planung und Umsetzung unserer Projekte geht.

Unser aufrichtiges Wirken in und für die Welt hat immer eine Wirkung! Dies gilt auch bei vermeintlichen Misserfolgen. Das, was wir getan haben, war Ausdruck unseres ehrlichen Strebens nach Vollendung, und nur darum geht es aus Seelensicht. Wir tragen damit dazu bei, dass ein Energiefeld entsteht, das die große Transformation und den großen Wandel, der nicht erst seit dem 21.12.2012 in aller Munde ist, möglich macht.

Bewährung als SeelenMensch

Wenn wir die drei Gegenthesen als Wahrheiten für unser Dasein erkannt haben, bekommen wir Gelegenheit, unser tägliches Leben mit all seinen Themen auf diese Wahrheiten auszurichten. Das erfordert eine radikale Transformation, denn wir sind in der Regel Erziehungsberechtigten, Lehrern und Kirchenvertretern ausgesetzt gewesen, die uns in einem anderen Sinne konditioniert haben. Wir haben in Kindheit und Jugend deren Auffassung vom Leben übernommen, und wir sind diesen bis heute unerbittlich durch Werbung, Medien, Berufsleben und Freundeskreise weiter ausgesetzt.

Unsere Eltern bringen uns als Kindern bei, was wir zu tun und zu lassen haben, und machen uns gleichzeitig mit den Folgen davon abweichender Verhaltensweisen vertraut. Dann müssen wir nämlich damit rechnen, nicht anerkannt und geliebt zu werden. In unseren Schulbüchern fängt die menschliche Geschichte mit den primitiven Urmenschen an, um unvermittelt einige Jahrtausende später bei den ägyptischen Hochkulturen fortzufahren. Die Biologiebücher gehen selbstverständlich von der Maxime der Evolutionstheorie aus, und die inzwischen hundert Jahre alten Erkenntnisse der Quantenphysiker suchen wir vergeblich in unseren Physikbüchern. Der Politikunterricht vermittelt uns die Illusion, dass wir als mündige Bürger am Weltgeschehen teilnähmen, wenn wir nur brav unser Wahlrecht ausüben. Spirituelle Orientierung wird meistens gar nicht vermittelt. Falls wir noch mit religiös geprägter Erziehung in Kontakt kommen, wird uns in der Regel das monotheistische Weltbild vermittelt, so wie es unserer offiziellen Religionszugehörigkeit entspricht.

Im Fernsehen und anderen Medien hören oder lesen wir tagein, tagaus von Naturkatastrophen, Verhungernden und Kriegsopfern. Das Gros unserer sogenannten freien Berichterstattung erfolgt über Medien, deren Vertreter in den Aufsichtsräten großer Konzerne sitzen und manchmal sogar bis zum Regierungschef avancieren. Das öffnet Räume für Manipulation in der Berichterstattung. Immer und immer wieder werden dieselben Bilder gezeigt, so dass wir schließlich glauben, was uns vermittelt werden soll. Die Werbung vermittelt uns ein Bild von Menschen, die ein glückliches und erfolgreiches Leben führen, weil sie ein bestimmtes Auto fahren oder ein bestimmtes Haarspray oder Spülmittel benutzen. Zu unserer Unterhaltung schreckt man nicht davor zurück, uns die Intimsphäre irgendwelcher Stars und Sternchen zu offenbaren oder absonderlichste Wettbewerbe zu erfinden. Von morgens bis abends werden wir darüber informiert, welche Sportler und Sportlerinnen noch schneller gelaufen, geradelt oder geschwommen sind als ihre auch schon sehr schnellen Kontrahenten.

In unserem Beruf erleben wir, dass endlose Diskussionen über Dinge geführt werden, deren Wichtigkeit wir mit Fug und Recht hinterfragen dürfen. Unnütze bis schädliche Managementkonzepte bauen einen künstlichen Leistungsdruck auf, dem wir uns nur schwer entziehen können.

All diese Beispiele stellen bestimmte Dinge in den Fokus des Geschehens und vermitteln damit den Eindruck, dass gerade dies von ungeheurer Wichtigkeit sei und unser Dasein als Menschen maßgeblich zu bestimmen habe. Unsere Aufgabe ist es, all diese Informationen und Eindrücke zu relativieren und ihnen den Platz in unserem Leben zuzuweisen, der ihnen gebührt. Gleichzeitig passieren unglaubliche Dinge von erheblicher Relevanz, die uns verschwiegen, wie zufällig enthüllt oder in einem falschen Licht dargestellt werden. An dieser Stelle seien nur die Stichworte Geoengeneering, Fracking oder organisierter Walfang genannt.

Es wird also viel dafür getan, uns von unserer eigentlichen Bestimmung als Menschen abzulenken. Pseudoschauplätze werden inszeniert, die unsere Aufmerksamkeit binden sollen. Pseudowerte werden uns nahegelegt, die uns von uns selbst wegführen sollen.

Es ist also keine leichte Aufgabe, den erkannten Maximen treu zu bleiben. Wenn uns dies trotz der angedeuteten Ablenkungsmanöver gelingt, betrachten wir die Dinge mit anderen Augen als bisher. Wir beobachten das, was wir selbst und unsere Mitmenschen so treiben, von einer höheren Warte aus. Wir identifizieren uns nicht allein mit dem ErdenMenschen, der da sein tägliches Leben führt, sondern wir erleben unsere Gedanken, Gefühle und Handlungen aus einer gewissen Distanz heraus, doch voller Liebe und Mitgefühl uns selbst und den anderen gegenüber. Immer wieder sollten wir uns ins Bewusstsein rufen, dass es nur ein einziges Ziel und eine einzige Bestimmung auf unserer Reise durch das Erdenleben gibt. Dieses besteht darin, ein Leben voller Freude zu führen und dies mit anderen in Liebe zu teilen. Jeder von uns besitzt seine ganz besonderen Fähigkeiten, um dieses Ziel in seiner eigenen, höchst individuellen Art und Weise auszugestalten.

Vielleicht wird es uns nicht immer gelingen, nach dieser Maxime zu leben. Vielleicht werden wir einmal zurückfallen in alte Verhaltensmuster. Dann sollten wir gnädig mit uns sein und uns nicht dafür verurteilen. Bei nächster Gelegenheit können wir es wieder versuchen. Schließlich befinden wir uns auf dem Weg zur Meisterschaft. Wir üben noch und werden langsam immer besser.

Betrachten wir nun gemeinsam einige uns bekannte, meist alltägliche Meinungen und Situationen im Lichte der Entscheidung für die lichtvolle Seite, für ein Fühlen, Denken und Handeln aus der Position eines erwachten Menschen heraus, eines Menschen, der sich seines göttlichen Ursprungs bewusst ist.

All-tägliches Leben

Mit „Alltag“ verbinden wir oft etwas eher negativ Besetztes. Der Begriff wird als Gegensatz zu dem Besonderen benutzt, das wir vielleicht im Urlaub oder einer sonstwie außergewöhnlichen Situation erleben. Wir verbinden den Begriff mit Gewohnheit, Trott, Wiederholungsschleife, Pflicht und Verantwortung. Aber wir können ihn auch anders verstehen, als „All-Tag“, der „Tag des Alls“. Hier drängt sich eine andere Sichtweise auf: „All“ im Sinne von „alles“, nicht eintönig, sondern „alle Töne umfassend“. Wir denken an das Große, das „Weltall“, das Universum. Gemeint ist das Universum in uns selbst.

Partnerschaft und Zwischenmenschliches

> *Wir alle benutzen einander und nennen es Liebe, und wenn wir einander nicht benutzen können, nennen wir es Hass.*
>
> (Tennessee Williams)

So sah es Tennessee Williams Mitte des zwanzigsten Jahrhunderts. Ein Standpunkt, den wir aus Sicht des SeelenMenschen heute nicht mehr teilen wollen. Es spricht eine alte Energie aus diesem Satz, eine Energie, die den anderen zum Zwecke des eigenen Egos ausnutzen möchte. Im Falle des Nichtgelingens sollten wir uns hassen? Diese Option existiert aus Sicht des SeelenMenschen nicht.

Vielmehr streben wir ein liebevolles Miteinander auf Augenhöhe an. Niemand soll benutzt, ausgenutzt oder gar missbraucht werden. Wir bringen unsere Fähigkeiten in eine wie auch immer geartete Gemeinschaft oder Partnerschaft ein. Wir ergänzen uns und wachsen miteinander zu Höherem. Dies geschieht völlig freiwillig und ohne jede gegenseitige Bevormundung. Wenn es aus irgendeinem Grund nicht mehr passen oder harmonieren sollte, dann trennen sich unsere Wege eben wieder. Und auch das geschieht im Einklang und in Harmonie. Es bleibt keine Schuldzuweisung, kein Hass. Wir können uns weiterhin gegenseitig achten und wertschätzen. Dies ist ein hoher Anspruch? Ja, vielleicht – wenn wir uns weiterhin verletzen lassen und den anderen verletzen. Aber steigen wir doch einfach aus diesem

Muster aus! Wer zwingt uns denn dazu? Jeder ist ein eigenes Individuum, das sich zu seinem höchsten Potenzial entfalten kann und soll. Im Idealfall kann diese Entfaltung durch die Partnerschaft mit einem geliebten Menschen gefördert und unterstützt werden. Doch wenn dies nicht (mehr) möglich ist, trennen wir uns in Liebe. Es ist das Beste für alle Beteiligten. Nur so werden wir frei!

Damit möchte ich keinesfalls anregen, auftretenden Schwierigkeiten, die in jeder Partnerschaft vorkommen, auszuweichen oder die Beziehung voreilig aufzulösen. Wir sollten im gemeinsamen Miteinander nach Lösungen suchen, wie es besser funktionieren kann, wie jeder sich einbringen und entfalten kann. Das ist nicht immer leicht und erfordert unter Umständen auch eine radikale Neuorientierung. Vielleicht gelangen wir zu Einsichten, dass wir unsere eingefahrenen Muster dringend ändern müssen. Der andere ist nur ein Spiegel unserer selbst. Wenn wir mit ihm/ihr nicht mehr auskommen, dann sollten wir nicht nach Schuldigen im Außen suchen und schon gar nicht allein die Schuld bei unserem Partner oder unserer Partnerin suchen. Verändern können wir niemanden, außer uns selbst. Wenn wir das erkannt haben und bereit sind, die Erkenntnis umzusetzen, besteht vielleicht die Möglichkeit zu einem Neuanfang innerhalb derselben Partnerschaft.

Auch wenn dem nicht so ist und es zusammen nicht mehr geht, kommen wir um die Neuorientierung nicht herum. Wenn wir diese versäumen, entwickeln wir uns nicht weiter, machen dieselben Fehler immer wieder. Dann wird auch der nächste Versuch zum Scheitern verurteilt sein.

Unser tiefer Wunsch in einer Beziehung ist es, verstanden zu werden. Das gilt für unseren Kontakt zu unserer Familie und unseren Freunden ebenso wie für unseren Partner oder unsere Partnerin. Wenn dieser Wunsch nicht erfüllt wird, ist unser Ego verletzt, enttäuscht, traurig oder wütend und manchmal auch alles zusammen. In Partnerschaften kommt es häufig vor, dass man zunächst meint, sich gut zu verstehen. Frisch verliebt glauben wir, auf einer Wellenlänge zu schwingen. Wir meinen, uns prächtig zu verstehen und dem anderen seine Wünsche von den Lippen ablesen zu können. Manchmal verschwindet dieses Gefühl der Freude über den Partner, wenn unsere Beziehung in die Jahre kommt. Wenn die sexuelle Anziehung nicht mehr an erster Stelle steht, verlagern sich auch die Ansprüche, die Partner gegenseitig an sich stellen. Diese Phase ist für jede Partnerschaft eine Bewährungsprobe. Hier spricht man vom verflixten siebenten Jahr. (Da ist sie ja wieder, unsere Sieben, s. Seite 67 ff.). Jetzt zeigt sich die eigentliche Substanz der Beziehung. Wir spüren, ob wir einander weiterhin guttun oder nicht. Und dies sollte das einzige Kriterium dafür sein, ob wir unseren Weg zusammen weitergehen oder nicht.

Gemeinsame Kinder oder sonstige Personen als gegenseitiges Mittel für Erpressung einzusetzen, ist im höchsten Grade unethisch und egozentrisch. Es geht auf Kosten dieser Wesen und ändert nichts an den Problemen, die wir mit unserem Partner haben. Für diese Personen gilt dasselbe, was für die Partner gilt. Auch sie sollen sich möglichst frei entfalten und ihr Potenzial leben können. Da, wo dies am ehesten gegeben ist, ist ihr bester Aufenthaltsort.

Wenn wir uns entschieden haben, in einer Partnerschaft zu leben, bewegen wir uns auf einer Gratwanderung zwischen Nähe und Distanz. Wir wären nicht zusammen, wenn wir nicht die Gemeinsamkeit und die Vertrautheit mit der anderen Person suchen würden. Doch müssen wir auch Grenzen akzeptieren. Jeder Mensch ist ein Individuum und braucht eigenen Raum zu seiner Entfaltung. Raum ist hier auch im ganz wörtlichen Sinne gemeint. Wenn wir auf engstem Raum zusammen wohnen, kann es leichter zu Konflikten kommen. Die meisten Beziehungen, so heißt es, gehen im Urlaub kaputt. Dann, wenn wir mehr denn je auf Nähe und Gemeinsamkeit ausgerichtet sind. Natürlich sollten wir uns ein Urlaubsziel aussuchen, das beiden Seiten entspricht, doch auch dort mag es unterschiedliche Interessen geben. Gehen wir doch einfach ein Stück weit unserer eigenen Wege und treffen dann wieder für etwas zusammen, das uns beiden gleichermaßen Spaß macht. Das ist bereichernd für jedes Individuum und belebt die Beziehung. Wir haben etwas Eigenes erlebt, das wir dem anderen mitteilen können.

Eifersucht und Misstrauen sind unangemessen und Gift für jede Beziehung. Indem wir diese Emotionen aussenden, provozieren wir entsprechendes Verhalten. Gemäß dem vierten kosmischen Gesetz zeigt sich im Außen, was wir in unserm Inneren erschaffen haben. Das Ego nimmt etwas für sich in Anspruch, das ihm nicht gehört. Auch in einer Beziehung sind wir freie Individuen und nicht Eigentum unserer Partner. Das bedeutet natürlich nicht, dass wir ohne Rücksicht auf die Gefühle des anderen willkürlich unsere Triebe ausleben sollten. Wenn gegenseitige Achtung und Wertschätzung die Beziehung bestimmen, wird dies nicht leichtfertig geschehen. Darauf dürfen wir vertrauen.

In der Sexualität suchen wir unbewusst den Ausgleich unserer männlichen und weiblichen Anteile. Durch die körperliche Vereinigung erleben wir einen kurzen Moment lang diese kosmische Einheit, die wir so sehr anstreben. Es ist ein vollständiges Loslassen vom Ego, ein sich Verlieren im ewigen Sein. Dieses wunderbare Geschenk kann süchtig machen. Immer und immer wieder wollen wir diesen Zustand erleben. Beispielsweise im Tantra gibt es Methoden, auch dies zur Meisterschaft zu entwickeln.

Doch es gibt auch andere Möglichkeiten, diesen orgastischen Zustand, dieses Außerhalb-Seiner-Selbst-Sein zu erleben, und zwar nachhaltig und dauerhaft. Je mehr wir unsere weibliche und unsere männliche Seite in uns selbst zum Ausgleich bringen, umso weniger benötigen wir die Sexualität als Hilfsmittel. Jeder Mensch trägt Yang- und Yin-Anteile in sich. Yang setzen wir mit aktivem Handeln gleich, Yin mit passivem Verhalten. Beides kann von Situation zu Situation angebracht sein. Doch häufig leben wir einseitig. Egal ob Mann oder Frau, wir fühlen uns eingezwängt in bestimmte Muster. Im Beruf sollen wir Erfolge vorweisen, die wir häufig meinen, nur durch Aktionismus erreichen zu können. Selbst in der Freizeit hetzen wir noch von Termin zu Termin. Unser Ego fühlt sich gut, wenn es möglichst viel Aktivität vorzuweisen hat, wenn wir dies und das und auch noch jenes erledigen. Danach meinen wir, es uns verdient zu haben, uns mit weiteren Reizen wie dem Fernsehprogramm berieseln zu lassen. Dies führt uns dann nur noch weiter von uns selbst fort. Was wir geboten bekommen, ist in der Regel laut und aktionsreich. Dieses eindeutig yang-bestimmte Verhalten unterdrückt Bedürfnisse, die wir ebenfalls in uns tragen. Die Bedürfnisse nach Ruhe und Innenschau. Um zu einem wahren SeelenMenschen zu werden, müssen wir lernen, mit beiden Polen dieser Polarität umzugehen. Karl Gamper nennt es *„rund und eckig handeln“* und zum *„Yong“*, der unbekannten dritten Möglichkeit, zu gelangen. Unter Yong wird die Bündelung der Kräfte von Yin und Yang, die Verbindung des Weiblichen und des Männlichen auf einer höheren Ebene verstanden. Dadurch entstehe ein neues elektromagnetisches Frequenzfeld um uns, das uns höher schwingen lasse und Synchronizitäten anziehe. Wir befinden uns in einer *„Thermik der Freude und des Gelingens“*.

Gern beschreibe ich an dieser Stelle ein Beispiel zum Thema Partnerschaft aus meinem eigenen Leben, wie es der ein oder andere der Leserinnen und Leser in ähnlicher Form erlebt haben mag. Es geht um die Vereinbarkeit unterschiedlicher, doch gleichwertiger Bedürfnisse.

Ich erinnere mich an meinen 31. Geburtstag. Zusammen mit meinem Mann erlebte ich gerade einen wunderschönen Urlaub in der Türkei. Wir waren im Land herumgefahren, hatten viele antike Stätten besichtigt und bewundert und entspannten uns nun im Areal des Hotelbezirks. Auf der Reise hatten wir uns mit anderen jungen Menschen zusammengefunden und mit diesen viel Spaß erlebt. An meinem 31. Geburtstag saßen wir in Bodrum auf einer Landzunge in einem netten Lokal und blickten auf das Wasser und ein antikes erleuchtetes Gebäude, das zu einer Disko umgebaut worden war. Es war ein herrlicher Abend. Wir lachten und tranken zusammen. Ich fühlte mich an der Seite meines Mannes unendlich glücklich und wünschte mir sehnlichst, dieses gemeinsame Glück in einem Kind gipfeln zu lassen. Wir waren nun vier Jahre verheiratet, hatten niemals über die Gründung einer Familie gesprochen und ich hatte immer brav die Pille genommen. Nun entschloss ich mich, mich für die Mutterschaft zu öffnen und hoffte insgeheim, dass mein Mann dies auch für die Vaterschaft tun würde. Seine Reaktion war verhalten, nicht rigoros ablehnend, aber auch alles andere als euphorisch. Das hatte ich mir anders vorgestellt! Und dennoch, ich hatte mich entschieden, mit ihm zusammen eine Familie zu gründen. Dieser Entschluss ging nicht von meinem Verstand aus, sondern von meinem Herzen: Ich wünschte mir nichts sehnlicher als mit dem Mann, den ich so sehr liebte, ein Kind zu zeugen und großzuziehen. So setzte ich die Pille ab.

Unser Alltag nahm uns zu Hause wieder in Beschlag, und bald verschlug es meinen Mann für einige Wochen nach Übersee auf Dienstreise, so wie es in den letzten Jahren häufiger vorgekommen war. In seiner Abwesenheit spürte ich, dass eine Veränderung in mir vor sich ging, vermutete eine Schwangerschaft und ging zum Frauenarzt, der diese bestätigte. Nun fieberte ich der Rückkehr meines Mannes entgegen, ich konnte es kaum erwarten, ihm diese wunderbare Botschaft zu übermitteln. Ich war unendlich glücklich! Der Tag kam. Ich bereitete alles vor, schuf eine – wie ich meinte – vertrauensbildende und wohltuende Atmosphäre. Und dann kam der Moment, in dem ich es aussprach. Ich weiß nicht, was ich erwartet hatte. Begeisterung? Unglaubliche Freude? Erstaunen? Vielleicht auch Zurückhaltung? Doch es kam nichts, einfach gar nichts, keinerlei Reaktion. Auf Nachfrage hieß es, er wolle mich das nächste Mal doch gerne mitgenommen haben nach USA.

Ich erstarrte, war wie gelähmt. Für ihn war es anders. Er konnte mein unbändiges Glück nicht nachvollziehen. Hing an Plänen, äußeren Vorstellungen, wie unser Leben sich weiterhin im Materiellen gestalten sollte. In meinem Bauch zog sich alles zusammen, mir wurde übel, zum ersten Mal während der Schwangerschaft. Die Ursache war ganz sicher nicht das ersehnte Kind in meinem Bauch. Es gab keinen Streit zwischen uns, keine Diskussion, nur Distanz, Abkühlung. Ich empfand eine eisige Wand und gewann die Erkenntnis: Mein Mann war nicht mein Seelenpartner! Ich war allein, wieder einmal ganz allein. Auch während der Schwangerschaft änderte sich daran nicht wirklich etwas. Er schien sich an den Gedanken zu gewöhnen, aber nicht wirkliche Freude zu entwickeln. Halbherzig begleitete er mich zu Schwangerschaftskursen und Geburtsklinikbesichtigungen, doch die Begeisterung, die große Freude blieb aus. Ich war traurig, doch ich freute mich auf unser Kind, das jedoch in meinem Empfinden immer mehr zu meinem Kind wurde. So hatte ich mir diese besondere Zeit meines Lebens nicht vorgestellt. Wie gern hätte ich den ersten Tritt im Bauch und vieles mehr mit meinem Mann geteilt!

Mein Ego rebellierte, fühlte sich zutiefst verletzt. Damals war ich nicht in der Lage, die höhere Ebene des Geschehens zu erkennen, die Herausforderung und die Aufgabe, die sich in dieser Lebensphase meiner Seele stellen wollten, jedenfalls nicht auf mentaler Ebene. Und dennoch, die anfängliche Enttäuschung überwand ich schnell, gewann bald wieder Zuversicht, arrangierte mich mit der Situation und machte das Beste daraus. Dies gelang mir, indem ich mich selbst als Beobachter erlebte, mich meinen verletzten Gefühlen nicht mehr auslieferte, sondern sie aus der Distanz heraus wahrnahm und gleichzeitig mein äußeres Leben weiterführte, das damals in erster Linie auf die Vorbereitung auf meine Mutterrolle ausgerichtet war. Ja schließlich gelang es mir, mein Ego in den Hintergrund treten zu lassen und mich auf meine zukünftige Rolle einzustellen. Ich trug ein Kind in meinem Bauch, und mein Traum, Mutter zu werden, würde bald wahr werden. Irgendwie hatte ich es aus mir selbst heraus geschafft, die Ego-Ebene ein wenig hinter mir zu lassen. Die Seele begann in dieser so entscheidenden Phase meines Lebens, zumindest vorübergehend die Führung zu übernehmen, indem sie sich über das eigentlich ja so verletzte Ego erhob. Das war ein erster Versuch. Eine erste Übung. Später fiel ich allzu häufig wieder in erdenmenschliche Verhaltensmuster zurück. Und dennoch, es war eine großartige Erfahrung.

Was ich mit dieser Schilderung aus meinem Leben erklären möchte, sind die unterschiedlichen Ebenen, auf denen wir Menschen uns begegnen. Wenn wir aus unserem erdenmenschlichen Dasein heraus agieren, möchten wir unsere Vorhaben und Ziele verwirklichen, bei mir war es die Mutterschaft, bei meinem Mann die Möglichkeit, ungebunden reisen zu können, vielleicht auch einmal mit seiner Frau. Wir können diese Bedürfnisse erkennen und sie mit anderen Augen betrachten und so die Seele am Geschehen teilnehmen lassen. Ohne, dass wir darüber gesprochen hatten, entstand in dieser Situation ein Ausgleich: Wir beide arrangierten uns auf unsere Weise mit der Situation, und unser Sohn wurde ein von seinen Eltern geliebtes Kind.

Kindererziehung

Erziehen heißt Vorleben, alles andere ist Dressur.

(Oswald Blumke)

Unsere Seele findet auf der Erde genau die Situation vor, die ihrer jeweiligen Lernaufgabe am meisten dienlich ist. Ausgelöst durch die biologische Vereinigung einer weiblichen Eizelle unserer Mutter mit einer männlichen Samenzelle unseres Vaters fühlen wir uns von der Schwingung angezogen und gehen damit in Resonanz. Wir docken an das stoffliche Zellgebilde an und begleiten den Fötus und späteren Embryo bereits während der Schwangerschaft im Mutterleib. In dieser Phase sind wir also ein Seelenwesen in einem sich entwickelnden Menschenkörper.

Diese Erkenntnis sollten wir in eine eventuelle Überlegung, eine Schwangerschaft abzubrechen, in jedem Falle einbeziehen. Für den Fall eines Schwangerschaftsabbruchs stellen wir uns der Seele also nicht als Partner für ihre irdischen Erfahrungen zur Verfügung. Im Normalfall wird sie freigesetzt und beginnt ihre Suche nach einer geeigneten Inkarnation erneut. Es kommt jedoch auch vor, dass die Seele den Weg in die Astralwelt nicht sofort zurückfindet und in den feinstofflichen Körpern der Mutter „hängen“ bleibt. Diese Situation muss zum Wohle beider Seelen von Mutter und Kind aufgelöst werden, was meist nicht ohne Hilfe eines Experten gelingt.

Entwickelt sich unser Körper ungehindert weiter bis zur physischen Geburt, dann machen wir bereits jetzt Erfahrungen mit unserer neuen Umgebung. Während unser Körper nach und nach bestimmte Fähigkeiten entwickelt, erleben wir als Seele schon jetzt alle Stimmungen und energetischen Einflüsse vollständig. Auch wenn unsere physischen Sinnesorgane noch nicht fertig entwickelt sind, so erleben wir auf Seelenebene bereits das vollständige Bild. Das Befinden der Eltern prägt uns ebenso wie die Umstände unserer Geburt.

Wenn wir dann auf dieser Welt sind, werden wir weiter durch unsere Umgebung, insbesondere natürlich unsere Eltern und andere Erziehungspersonen geprägt. Wir werden in einen bestimmten Kulturkreis und in eine bestimmte Gesellschaftsschicht hineingeboren, in der spezielle Regeln und Normen herrschen. Diese werden uns von den Personen, die in der Kindheit für uns verantwortlich sind, vermittelt. Einerseits geschieht das ganz bewusst durch die Erziehung, über Anweisungen und Maßregelungen, wie wir uns zu verhalten haben. Zu einem viel größeren Teil geschieht dies jedoch unbewusst, indem uns einfach ein Leben vorgelebt wird, das wir aus Mangel an Vergleichsmöglichkeiten und Alternativen dann zunächst nachahmen.

In unserer frühen Kindheit können wir uns oft noch an unser Selbst erinnern. Wir nehmen vielleicht noch Wesen wahr, die für die Erwachsenen unsichtbar sind. Wir unterhalten uns möglicherweise mit unserem Schutzengel, was für unsere Eltern wie ein ungezieltes Vor-sich-Hinbrabbeln aussehen mag.

Als Erwachsene sind wir aufgefordert, uns von diesen Konditionierungen unserer Kindheit zu befreien. Wir werden uns darüber bewusst, dass es nicht zwangsläufig unsere eigenen Werte sind, die wir da übernommen haben. Das bedeutet selbstverständlich nicht, dass alles, was man uns beigebracht hat, falsch und nichtig wäre. Wir sind als Menschen Teil der Gesellschaft und müssen uns darin zurechtfinden. Jedoch sollten wir als freier bewusster Erwachsener selbst darüber entscheiden, was wir von dem Erlernten behalten möchten und was uns nicht mehr dienlich ist. Maßstab dafür ist nicht die Gewohnheit, sondern die Erkenntnis darüber, was hilfreich und was hinderlich, was richtig und was falsch für uns ist. Auch unsere Eltern waren bzw. sind geprägt durch Konditionierungen, und auch sie haben sich mehr oder weniger von diesen losgesagt.

Mir wurde zum Beispiel erst im fortgeschrittenen Erwachsenenalter immer mehr bewusst, dass ich ständig nutzlose Dinge tat, die weder mir noch anderen zu irgendeinem Vorteil gereichten, ja die nicht einmal jemand wirklich bemerkte. Meist handelte es sich um Kleinigkeiten, z. B. wie man irgendwelche Wäschestücke zusammenfalten sollte. Der einzige Grund, warum ich diese Dinge tat, war die Tatsache, dass ich sie irgendwann einmal so gelernt hatte. Nachdem ich das für mich erkannt hatte, hörte ich nach und nach einfach damit auf, zunächst vorsichtig und mit ein wenig schlechtem Gewissen. Dann aber immer forscher. Irgendwann wurde deutlich, dass sich wirklich gar nichts dadurch geändert hatte, außer dass ich mich deutlich freier fühlte und manchmal sogar ein wenig Genugtuung darüber empfand, dass ich mich nun endlich darüber hinweggesetzt hatte.

Nicht immer scheinen die Bedingungen, unter denen wir aufwachsen, ideal zu sein. Doch sie sind ideal für das, was wir im Verlaufe dieser Inkarnation lernen sollen, und sie bieten uns Gelegenheit, in früheren Leben erworbenes Karma abzuarbeiten bzw. aufzulösen. Manchmal erleben wir Verhältnisse, die sich wirklich niemand wünschen kann, wir mögen misshandelt und missbraucht werden. Aus Sicht des ErdenMenschen klingt es hart und unverständlich, in diesen Zusammenhängen das Gesetz von Ursache und Wirkung zu zitieren. Und natürlich sollen und müssen wir als Außenstehende eingreifen, wenn wir beispielsweise mitbekommen, dass einem Kind ein Unrecht geschieht.

Auch wenn wir grundsätzlich in ein uns wohlgesonnenes Elternhaus geboren werden, erleiden wir Verletzungen, die uns die Erwachsenen ungewollt zufügen. Meist sind es kleine Dinge, die aber eine tiefe Wirkung auf uns ausüben. Wenn wir als Kleinkind zum Beispiel erstmals versuchen, uns unseren Schuh alleine zuzubinden, dann ist das ein Schritt in Richtung Selbständigkeit, den unsere Eltern entsprechend würdigen sollten. Im hektischen Alltag gelingt das nicht immer. Unsere Mutter oder unser Vater mögen in Eile sein und uns das einfach schnell einmal abnehmen. Passiert uns ähnliches öfter, fühlen wir uns irgendwann unbegabt, verlieren das Vertrauen in unsere Fähigkeiten. Wir können dann dazu neigen, uns von den Erwachsenen bedienen zu lassen, die uns „ja eh alles abnehmen". Doch irgendwann ist diese Zeit vorbei, wir sind auf uns allein gestellt und selbst verantwortlich. Spätesten bis dahin müssen wir genug Selbstvertrauen entwickelt haben, um unser Leben zu meistern.

Auch zum Thema Erziehung habe ich einige Beispiele aus meinem eigenen Leben beizusteuern. Das erste Beispiel erlebte ich aus der Sicht des Kindes. Zwischen meinem sechsten und neunten Lebensjahr lebte ich bei meinen Großeltern. Mit meinem Großvater verstand ich mich gut, jedoch hatte er wenig Zeit für mich, meine Oma dagegen empfand ich oft als mürrisch. Sie war viel zu ihrem eigenen Vergnügen unterwegs und ließ mich deutlich spüren, dass meine Anwesenheit ihr eher lästig war. Häufig sagte sie zu mir den Beginn des folgenden Satzes: „Andere Kinder in deinem Alter…". Es folgten dann wunderbare Fähigkeiten, über die man offensichtlich in meinem Alter zu verfügen hatte. Ich schloss daraus, dass, so wie ich war, etwas mit mir nicht stimmte, irgendwie falsch war. Natürlich wurde ich schüchtern und fürchtete mich davor, etwas falsch zu machen. Ich fühlte mich in meinem So-Sein abgelehnt, nicht gewürdigt. Wie groß und nachhaltig die Auswirkungen solcher Situationen auf die kindliche Psyche sind, ist sicher von Kind zu Kind unterschiedlich. Ich jedenfalls wusste irgendwie ganz tief in meinem Inneren, dass es gut war, so wie ich war. Vielleicht anders, ja, aber doch nicht ganz falsch. Meine Mutter, die soweit es ihr aufgrund ihres damals wieder neu aufgenommenen Studiums möglich war, an meinem Leben bei den Großeltern teilnahm, versuchte mich in dieser Auffassung zu bestärken, und natürlich war das eine Unterstützung für mich.

Als ich später selbst Mutter war, machte ich ebenfalls „Fehler". Genau wie ich war auch mein Sohn anders als andere Kinder seines Alters. Das hielt ich ihm zwar nicht direkt unter die Nase, wie es meine Oma bei mir getan hatte, doch ich machte mir ebenfalls Sorgen um ihn. Statt ihn bedingungslos anzunehmen, wie er war, besuchte ich zusammen mit ihm diverse Fördermaßnahmen, die ihn zu einem möglichst unauffälligen Exemplar seines Jahrgangs werden lassen sollten. Innerlich wehrte er sich gegen diese Änderungsversuche, doch ich schenkte seinen Hilferufen zunächst kein Gehör. Mein Verstand flüsterte mir ein, dass diese Förderungsmaßnahmen zu seinem besten seien, er seine vermeintlichen Defizite dadurch ausgleichen könne. Ich ignorierte meine innere Stimme, die mich von diesem Weg abzuhalten suchte, und mein armer Sohn glaubte weiter, er sei nicht so, wie ich ihn mir wünschte. Das verstärkte seine Andersartigkeit eher, als dass es die Gleichartigkeit mit anderen förderte. Aus heutiger Sicht sage ich: Gott sei Dank! Ich wünsche ihm, dass er zu dem geworden ist, was für ihn vorgesehen war, trotz meiner Intervention als Erziehungsperson.

Diese Erkenntnis war für die Seele meines Sohnes eine ebenso wichtige wie für die meine, und genau deshalb ist alles gut, wie es ist.

Ein SeelenMensch lässt seine Kinder gedeihen, genauso wie sie sind. Er nimmt sie als einzigartige Individuen an. Eine Förderung besteht darin, genau das Besondere an Ihnen hervorzuheben und zu unterstützen, die ganz besonderen Fähigkeiten, die nur dieses Kind besitzt. Diese gilt es als einzigartig zu würdigen. Wir leben unseren Kindern bestimmte Werte vor und geben ihnen damit Orientierung, einen Rahmen für ihr eigenes Leben. Doch wir sollten ihnen den Raum gewähren, sich möglichst frei zu entfalten.

Freundschaft

> *Freundschaft ist eine Tür zwischen zwei Menschen.*
> *Sie kann manchmal knarren, sie kann klemmen, aber sie ist nie verschlossen.* (Balthasar Gracián y Morales)

Gute Freundschaften sind wertvoll und bereichern unser Leben, so wurde es uns beigebracht. Ein wirklich guter Freund oder eine gute Freundin sollte uns möglichst das ganze Leben begleiten. Auch wenn wir räumlich getrennt leben, sollten wir die Freundschaft pflegen und uns ab und zu gegenseitig besuchen. Es mag einige wenige Menschen geben, bei denen wir dies aus einem inneren Bedürfnis heraus genau so handhaben.

Doch ähnlich wie bei einer Partnerschaft sehen wir heute oft nicht mehr diesen Absolutheitsanspruch für diese Auffassung. Auch Freunde können uns wie Partner ein Stück unseres Weges begleiten, solange wir uns gegenseitig etwas zu sagen und zu geben haben. Vor einiger Zeit wurde dafür der öfter belächelte Begriff des „Lebensabschnittsgefährten" geprägt. Eigentlich bezieht es sich eher auf Partnerschaften, aber die Begriffe „Gefährte/in" oder „Wegbegleiter/in" passen auch im Bezug auf Freundschaft sehr gut. Jeder Mensch entwickelt sich weiter, wächst vielleicht in eine andere Richtung als seine bisherigen Freunde. Wenn dies so ist, schlafen diese Freundschaften manchmal einfach ein. Es passt nicht mehr wirklich zusammen. Wir haben dann immer weniger Lust, uns zu verabreden, weil uns andere Dinge und vielleicht auch Personen wichtiger geworden sind. Wenn wir uns mit neuen Themen beschäftigen, treten auch neue Menschen in unser Leben. Diese sind ebenso wertvoll wie die altvertrauten und schwingen vielleicht jetzt eher im Einklang mit unseren Bedürfnissen. Nach dem Empfinden vieler liegt der Fokus heute eher auf der geseitigen Unterstützung im Hinblick auf ein bestimmtes Projekt, der Vernetzung zum Zwecke des Erreichens eines gemeinsamen Ziels und – wenn es besonders gut läuft – dem gegenseiten Verstehen und Verstandenwerden auf einer tiefen Ebene, solange wir ähnlich schwingen.

Als SeelenMenschen lassen wir diese Entwicklungen geschehen, ohne uns dem Strom des Lebens zu widersetzen. Wir lassen ganz natürlich Neues gedeihen und verabschieden unter Umständen das Alte, ganz ohne Groll, Vorwürfe oder Verletztheiten. Es ist wie es ist, und vielleicht kommt auch wieder eine andere Zeit, in der wir uns den alten Freunden wieder annähern. Dann lassen wir auch das in Dankbarkeit geschehen.

Die entscheidenden Begegnungen in unserem Leben ergeben sich nicht zufällig. Die zusammentreffenden Seelen haben sich dazu verabredet, um voneinander zu lernen, möglicherweise auch um die Gelegenheit zu bekommen, Karma aus früheren Begegnungen aufzulösen. Aber irgendwann mag diese Lernaufgabe erledigt sein. Dann wenden wir uns anderen Dingen zu und gehen in Liebe unserer Wege. Zwischenmenschliches Hickhack, Eifersüchteleien und üble Nachrede haben keinen Platz in unserer neuen Zeit. Wir sind hier, um in ein neues Wir hineinzuwachsen. Was uns darin unterstützt, ist willkommen und bereichernd.

Umwelt und Natur

Müsset im Naturbetrachten
Immer eins wie alles achten
Nichts ist drinnen, nichts ist draußen.
Denn was innen ist, ist außen
So ergreifet ohne Säumnis,
Heilig öffentlich Geheimnis.
Freuet euch des wahren Scheins,
Euch des ernsten Spieles,
Kein Lebendiges ist ein eins,
Immer ist's ein vieles. (Johann Wolfgang von Goethe)

Die Art und Weise, wie wir mit unseren Mitgeschöpfen, den Tieren und Pflanzen, der Natur und mit Mutter Erde umgehen, sagt viel über uns aus.

Als SeelenMenschen erkennen wir in unserer Umwelt das Großartige, Göttliche, genau wie in uns selbst. Ganz selbstverständlich begegnen wir dann allen Wesen mit großer Achtsamkeit und Ehrfurcht, fördern und erhalten Leben, wo immer wir es vorfinden. Wir betrachten die Schönheit von Steinen, Pflanzen und Tieren nicht nur von außen, sondern wir empfinden eine tiefe Verbundenheit mit diesen Lebewesen. Wir spüren, dass dieselbe Energie, die uns beseelt, sich auch in diesen Lebewesen findet und der Antrieb ihres Daseins ist. Viele von uns haben diesen wunderbaren Seinszustand, dieses Einssein mit der Natur in bestimmten Momenten des Lebens erlebt. Vielleicht dann, wenn wir abgeschieden von allem Treiben des Alltags an einem ruhigen Platz im Wald oder am Strand saßen. Wir haben es als Weite des Herzens, Frieden, grenzenlose Liebe zu allem was ist und Einssein mit dem Göttlichen gespürt und wussten in diesen Momenten, Gott und das Göttliche ist in jedem Grashalm und es ist auch in uns. Während solcher Erlebnisse erhöht sich unsere Frequenz. Wir schwingen höher als wir es von unserem sonstigen Leben her kennen und tiefe Freude erfüllt unser Herz. Nur leider gelingt es uns oft nicht, diesen Zustand in unser Alltagsleben hinüber zu retten. Sobald wir wieder mit den Niederungen und vermeintlichen Widrigkeiten unseres Alltags konfrontiert werden, sinkt die Schwingung. Wir erleben uns dann wieder getrennt von der Natur und der Welt. Vielleicht haben wir Schwierigkeiten, die Spinne, die wir nicht so gern in unserem Wohnzimmer haben möchten, als gleichwertige Lebensform zu achten und neigen dazu, sie im Staubsauger verschwinden zu lassen, statt sie zu retten und an die frische Luft zu setzen.

Doch wir können auch trainieren, immer länger und schließlich dauerhaft im Zustand der Achtsamkeit vor allem Leben zu verweilen. Sicher wird es nicht von heute auf morgen passieren, sondern es handelt sich um einen Prozess. Doch am Ende steht der bewusste Mensch, der alle Lebensformen als gleichwertig und gleichberechtigt achtet, auch wenn sie sich auf einer niedrigeren Bewusstseinsstufe als er selbst befinden.

Wir wissen nicht, was in unseren Haustieren vorgeht, doch wir können den Eindruck gewinnen, dass sie tatsächlich mühelos im Hier und Jetzt leben, sich keine Gedanken um die Vergangenheit oder Zukunft machen, sondern den Augenblick genießen. Ich glaube, es ist das, was wir so faszinierend an Ihnen finden und was wir selbst oft nur so schwer erreichen können. Das ist die Kehrseite unseres Selbstbewusstseins und unseres so gut funktionierenden Denkapparats. Es ist eine Wohltat und geradezu heilsam, einer sich ausgiebig putzenden oder sich räkelnden Katze zuzusehen, die ganz und gar in diesen Tätigkeiten versinkt. Nachweislich wirken Haustiere heilsam auf den Menschen. Das wird inzwischen auch von offiziellen Einrichtungen wie Pflegeheimen und Paläativstationen von Krankenhäusern erkannt. Heute sind Therapietiere keine Seltenheit mehr. Durch ihr selbstverständliches Sein geben sie uns Trost und wir bekommen eine Ahnung davon, dass alles weiter geht, auch wenn wir selbst diesen Körper bald verlassen werden. Kürzlich wurde wissenschaftlich nachgewiesen, dass das Schnurren von Katzen auch direkten Einfluss auf Heilprozesse ausübt. Die Schwingungsfrequenz des Schnurrgeräusches unterstützt die Selbstheilungskräfte, sowohl bei dem Tier selbst als auch bei dem Menschen, auf dessen Schoß es ruht. In jedem Fall kann das Zusammenleben mit Hund, Katze oder anderen Haustieren berreichernd sein. Selbstverständlich respektieren wir Menschen ihre Bedürfnisse. Sie sind unsere Schutzbefohlenen und Partner, Bei der Planung unseres Alltags und unseres Urlaubs berücksichtigen wir, was unsere geliebten Vierbeiner benötigen und was ihnen Spaß macht. Exotische Tiere, die unter fragwürdigen Bedingungen gefangen und über große Entfernungen transportiert wurden, haben in unseren Häusern nichts zu suchen. Sie fühlen sich dort nicht wohl und können nicht wirklich artgerecht gehalten werden. Der Wunsch, solche Tiere zu halten, entspringt dem Ego, das sich mit etwas Besonderem interessant machen möchte.

Wasser, Strom und Heizung sparen wir nicht nur aus Kostengründen, sondern auch, weil wir mit den uns gegebenen Ressourcen nicht verschwenderisch umgehen wollen. Statt Plastiktüten benutzen wir wiederverwendbare Taschen. Wir fahren nicht immer mit dem Auto, sondern nutzen umweltfreundliche Verkehrsmittel wie das Fahrrad oder öffentliche Verkehrsmittel. All dies ist für die meisten von uns heute selbstverständlich.

Weniger selbstverständlich ist es manchmal, dass wir die Früchte und Schätze, die uns die Natur schenkt, auch wirklich würdigen. Oftmals neigen wir dazu, schnell noch etwas in uns hineinzustopfen, um dann gehetzt das Haus zu verlassen. Doch wir sollten alles so genießen wie die erste Mahlzeit nach dem Fasten, den einen Apfel, den wir zum Fastenbrechen zu uns nehmen. Wir können ihn segnen, genüsslich davon abbeißen und kauen. So nehmen wir jeden Bissen mit all unseren Sinnen bewusst wahr. Es gibt eine Meditation von Jack Kornfield über die drei Rosinen, die uns sehr zum achtsamen Umgang mit unserer Nahrung ermuntert. (Jack Kornfield: Meditation für Anfänger. Buch und CD mit 6 geführten Meditationen für Einsicht, innere Klarheit und Mitempfinden. München, Arkana, 2005)

Als Teil der Gemeinschaft nehmen wir automatisch am modernen Leben mit seinen technischen Errungenschaften teil. Doch welche Art von Energie wir nutzen, was wir verzehren, verfeuern und tanken liegt auch in unserem Ermessen. Offensichtlich die Natur schädigende Verfahren wie Fracking müssen wir nicht unterstützen. Wir wissen, dass weder Wasserprivatisierung noch Wetterbeeinflussung zu unserem Wohle geschehen, sondern eher zu demjenigen der wenigen Mächtigen.

Wir können unser Recht als Bürger wahrnehmen und unseren Unmut darüber kundtun. Wir können uns verweigern und dieses Spiel nicht mitspielen. Doch wir sollten auch nicht zu viel Energie hineingeben, nicht erbittert gegen das als „schlecht“ Erkannte kämpfen. Denn wo wir Energie hineingeben, das nähren wir. Schon gar nicht lassen wir uns als SeelenMenschen in Angst versetzen und uns einreden, all diese Dinge seien nötig, um uns vor dem Schlimmsten zu bewahren, jenem Schlimmsten, das von denen geschaffen wurde, die uns dann als vermeintliche Retter davor bewahren wollen.

Berufsleben und Karriere

Wenn du eine Stunde lang glücklich sein willst, schlafe.
Wenn du einen Tag glücklich sein willst, geh fischen.
Wenn du ein Jahr lang glücklich sein willst, heirate.
Wenn du ein Leben lang glücklich sein willst,
liebe deine Arbeit. (Chinesisches Sprichwort)

Das moderne Berufsleben gestaltet sich nicht immer einfach. Oft finden wir uns Arbeitssituationen ausgesetzt, denen wir nicht gewachsen sind. Sei dies bedingt durch übermäßige Belastung, die sich in unserem Erleben als Stress manifestiert, sei es durch ein Arbeitsklima, das den Kontakt mit unseren Kollegen schwierig gestaltet.

Es gibt Branchen, in denen von Angestellten ein Einsatz erwartet wird, der für deren persönliche Entwicklung ganz und gar nicht förderlich sein kann. Aus dem Wunsch heraus, Karriere zu machen, widmen sie manchmal ihr gesamtes Leben dem Unternehmen. Davon betroffen sind vor allem junge Mitarbeiter, die sich durch einen zeitweise enormen Einsatz einen schnellen Aufstieg erhoffen. Vielleicht meinen sie, dies auf eine bestimmte Lebensphase beschränken zu können und merken womöglich nicht, wenn sich die Dinge verselbständigen, wenn sie nicht mehr Herr ihrer Planung sind und zu Gefangenen ihrer beruflichen Tätigkeit werden. Das kann dazu führen, dass sie faktisch keine Freizeit mehr haben, ihre persönlichen Beziehungen leiden und vielleicht sogar daran zerbrechen. Es kann sein, dass ursprüngliche Lebensplanungen, wie zum Beispiel die Gründung einer Familie, dem nun gewohnten Lebensstil zum Opfer fallen, einfach weil kein Raum dafür bleibt.

Das Schlimmste jedoch ist, dass sie sich von sich selbst entfremden, den Zugang zu ihren eigenen Bedürfnissen verlieren und sich nicht mehr spüren. Sie befinden sich in einem Hamsterrad, das von innen wie eine Karriereleiter aussieht, in einem Teufelskreis, der dem entgegensteht, was wir für die Entwicklung zum SeelenMenschen so dringend brauchen. Dies ist der Abstand zu dem, was wir tun, das Schlüpfen in die Beobachterrolle, die Möglichkeit, aus allem die Wichtigkeit herauszunehmen.

Wenn wir leben wie hier beschrieben, identifizieren wir uns jedoch mit dieser Art des Daseins. Wir können gar nicht anders, als zu glauben, dass das, was wir da treiben, das eigentliche Leben sei. Für ein Umdenken bleibt uns keine Zeit. Wir finden keine Möglichkeit abzuschalten, in uns zu gehen und zu uns zu kommen. Stattdessen schlafen wir schlecht und ernähren uns unzureichend. Um uns wieder zu spüren, neigen wir vielleicht in der so knapp bemessenen freien Zeit zur Ausübung extremer Sportarten. Nichts gegen Sport im Sinne gesunder Bewegung, doch Extremes ist kontraproduktiv. Außer dem Zeitmangel gibt es noch eine andere Ursache, die uns hindert, unser Leben zu hinterfragen. Wir haben Angst, Angst davor, mit der Wahrheit konfrontiert zu werden, mit der Wahrheit, dass wir uns so lange haben fremdbestimmen und vereinnahmen lassen, und Angst davor, nichts anderes mehr zu finden, wenn wir in unser Innerstes hineinschauen. Wir fürchten uns davor, zur Ruhe zu kommen, weil wir die innere Leere nicht wahrnehmen möchten.

Doch unsere Seele wird sich melden. Früher oder später wird sie uns warnen, dass wir so nicht weiter machen dürfen. Häufig kommt diese Warnung im Gewand der Krankheit daher. Wir werden schachmatt gesetzt und somit gezwungen, uns eine Auszeit zu nehmen. Wenn wir die ersten Anzeichen missachten und nach vermeintlich überstandener Krankheit weiter leben wie vorher, wird ein stärkeres Geschütz aufgefahren. Die Warnung wird drängender, die Erkrankung neu aufkommen und schlimmer sein als zuvor. Wir werden damit konfrontiert, die Ausrichtung unseres Lebens ändern zu müssen. Wenn wir auch das noch ignorieren, werden wir untergehen.

Gott sei Dank befindet sich nicht jeder Arbeitnehmer in solch einer „unmenschlichen Mühle". Doch auch dann mag es Fallen geben. Die langfristige Beschäftigung mit vermeintlich unvermeidlicher, jedoch ungeliebter Arbeit kann auch unter weniger stressigen Voraussetzungen zu ähnlichen Folgen der Entfremdung führen. Wenn wir unser Leben zu großen Anteilen mit Tätigkeiten verbringen, die uns keine Freude bereiten und uns täglich in dieser Auffassung bestärken, verlieren wir dadurch die Freude an unserem gesamten Leben. Wünschenswert ist es, in allem, was wir tun, Befriedigung zu erfahren. Es müssen keine weltbewegenden Dinge sein, die wir tun, doch wir leisten unseren Beitrag zum Gelingen des Großen Ganzen. Möglicherweise putzen wir nicht gern, und dennoch können wir Freude darin finden, ein sauberes Heim für uns und unsere Angehörigen zu schaffen. Es ist schön eine Wohnung oder ein Haus zu besitzen, die wir dadurch verschönern können. Wir können lernen, genau dafür dankbar zu sein. Mit dieser Einstellung geht uns diese Arbeit viel leichter von der Hand.

Wenn wir jedoch trotz guten Willens wirklich keine Freude an unserer Tätigkeit finden können, sollten wir uns aus dieser Fessel befreien und den Dienst quittieren. Es steht uns zu, ein freies Leben zu führen, das unsere Gaben und Talente zur Entfaltung bringt. Es steht uns zu, dass wir uns an unser höchstes Potenzial andocken und es noch in diesem Leben verwirklichen. Dazu gibt es immer einen Weg. Es bedarf lediglich der Überwindung unserer Angst, ihn zu beschreiten.

Gesundheit und Krankheit

Das Symbol für den Arztberuf ist bekanntermaßen der Äskulapstab. Es handelt sich um die Darstellung einer Schlange, die sich von unten nach oben um einen Stab windet. Der altgriechischen Legende nach war Asklepios, der Besitzer des Äskulapstabes, der Sohn des Gottes Apollon und seiner Geliebten Koronis. Da Koronis sich mit einem anderen Mann zusammentat, nachdem sie schon von Apollon schwanger war, wurde sie von dessen Zwillingsschwester Artemis getötet. Hermes schnitt das Kind, Asklepios, jedoch aus ihrem Bauch heraus und brachte es zu dem heilkundigen Kentaur Cheiron, der Asklepios erzog und ihn in der Heilkunde unterrichtete. Aus Asklepios wurde ein unvergleichlicher Meister der ärztlichen Heilkunst, der sogar einmal einen Toten wieder zum Leben erweckt haben soll. Dies betrachtete Hades, der Gott der Unterwelt, jedoch als Eingriff in seine Kompetenzen, beschwerte sich bei seinem Bruder Zeus, der Asklepios deshalb durch das Schleudern eines Blitzes tötete.

Ein ähnliches Symbol wie der Äskulapstab ist der Hermesstab oder auch Caduceus, der mit jenem Götterboten Hermes in Verbindung gebracht wird, der der Legende nach das Kind Asklepios aus dem Leib seiner Mutter schnitt. Dieser stellt zwei um einen geflügelten Stab geschlungene Schlangen dar, deren Schwänze aus einem gemeinsamen Punkt hervorgehen und deren Körper sich um einen geflügelten Stab winden. Oben angekommen drehen sie sich die Köpfe entgegen. Dabei handelt es sich um ein sehr altes Symbol, das als Caduceus bereits in den großen Tempeln Ägyptens auftrat. Dort wurde die Schlange als Symbol der Heilung und des Lebens verehrt. Der Caduceus tauchte auch in der Hand von Thoth, dem ägyptischen Gott der Weisheit auf (s. Seite 16) auf und wurde dessen griechischer Entsprechung Hermes (später auch römisch: Merkur) weitergeleitet. Deshalb wird er manchmal auch als Merkurstab bezeichnet. In früheren Zeiten, vor allem bei den Alchemisten, galt er als Verbindung zweier gegensätzlicher Kräfte oder auch als Sinnbild für Fruchtbarkeit. Unübersehbar erinnert uns das Symbol auch an die aufsteigende Kundalini-Energie aus dem Yoga mit Sushumna in der Mitte, Ida zur Linken und Pingala zur Rechten.

Heute gilt der Hermes- oder Merkurstab überwiegend als Symbol für Wirtschaft und Handel.

Ist die Ähnlichkeit dieser beiden symbolischen Stäbe (Äskulap- und Hermesstab) reiner Zufall oder stecken dahinter möglicherweise Verbindungen, die sich aus unserer heutigen Sicht nur erahnen lassen? Sollte uns dieses Symbol etwa daran erinnern, dass tief in unserem Inneren Heilkräfte verborgen liegen, die nur aktiviert zu werden brauchen? Oder sollten wir den Tod des Asklepios als Mahnung davor verstehen, die medizinische Heilkunst allzu weit zu treiben? Sollen wir die Seelen, die sich dazu entschieden haben, diese irdische Welt zu verlassen, etwa in Frieden gehen lassen? Tatsache ist, dass vor allem in den USA heute manchmal auch der Merkurstab statt des Äskulapstabs als Symbol für medizinische Einrichtungen benutzt wird.

Wenn wir krank sind, gehen wir zum Arzt oder Heilpraktiker und hoffen auf Besserung unserer Leiden. Das mag sinnvoll sein, um akute Beschwerden zu beheben, und kann manchmal sogar lebensrettend wirken. Bestimmte Eingriffe können uns von Tumoren, Blutgerinnseln oder sonstigen unerwünschten körperlichen Veränderungen befreien, die unseren Körper sonst möglicherweise zerstört hätten. Medikamente können chemische Prozesse in Gang setzen, die förderlich auf die Erhaltung oder Wiederherstellung von körperlichem Wohlbefinden wirken.

> *Gesundung ist immer ein ganzheitlicher Prozess.*
> *Wenn wir lernen, den Menschen ganzheitlich zu sehen,*
> *wird die Medizin ihre Grenzen sprengen.* (Viktor Philippi)

Mit einer Heilung im ganzheitlichen Sinne hat dies jedoch noch nichts zu tun. Sowohl herkömmliche Operationen als auch Medikamente wirken ausschließlich auf den physischen, grobstofflichen Körper und beeinflussen die darin ablaufenden chemischen und biochemischen Prozesse. Naturkundliche und homöopathische Medikamente wirken auf andere Art und Weise als chemische Produkte. Sie bekämpfen nicht das Symptom mit Hilfe von Gegenmitteln, sondern verstärken es zunächst durch die Zufuhr von der Krankheit ähnlicher Information. Das kann zur sogenannten Erstverschlimmerung führen und dann letztlich zur Lösung des Problems. Heilpraktiker haben tendenziell eine vollständigere Sicht auf den Menschen und sehen eher die hinter der gesundheitlichen Einschränkung liegende Ursache, als es die Schulmediziner tun.

Meist wissen sie, dass wir uns letztlich nur selbst wirklich heilen können. Jede Abweichung von unserer Gesundheit will uns eine Botschaft senden. Wir sollen uns auf die Suche danach begeben, was in unserem gesamten System, unserem Geist, unserer Seele und unserem Körper ins Ungleichgewicht geraten ist, und jeder Heiler kann unabhängig davon, ob es sich um einen Schulmediziner, einen Heilpraktiker oder einen Schamanen handelt, nichts anderes tun, als uns bei dieser Reise zu uns selbst zu unterstützen. Jeder muss selbst für sich entscheiden, wer oder was die für ihn bestmögliche Unterstützung bietet. Doch wenn wir keinen Zugang zu unserem Inneren haben, können wir unsere gesundheitlichen Probleme nicht nachhaltig lösen, auch wenn wir im schulmedizinischen Sinne als „geheilt" gelten.

Wenn die Sprache der Seele nicht mehr gehört wird,
fängt der Körper an zu reden! (aus der Kabbala)

Der Körper ist der Übersetzer der Seele ins Sichtbare.
(Christian Morgenstern)

Wenn wir die Botschaften unserer Erkrankung nicht verstehen und unser Leben nicht entsprechend umstellen, werden sie uns wieder und wieder zu erinnern versuchen. Vielleicht nicht dort, wo sie sich beim letzten Mal gezeigt haben, sondern an einer anderen Stelle und in gewandelter Form und in meist heftigerer Ausprägung. Heilung ist immer ein ganzheitlicher Prozess. Er kann sich niemals allein im Grobstofflich-Körperlichen vollziehen. Eine Operation kann einen Tumor entfernen, aber sie löst niemals die Ursache, warum dieser entstanden ist. Interessanterweise weist uns auf diesen Umstand auch die ursprüngliche Bedeutung des Wortes „medica mente" hin, also Heilung durch den Geist, ganz entsprechend dem ersten kosmischen Gesetz, wonach das geistige immer über dem körperlichen Prinzip steht. Dieses Prinzip macht auch vor unserer Gesundheit nicht halt.

Fragen, die wir uns im Zusammenhang mit unserem Gesundheitssystem stellen können, lauten: Wie sollen wir uns zu Vorsorgeuntersuchungen, Impfungen und anderen empfohlenen medizinischen Eingriffen positionieren? Oft kommen wir selbstverständlich allen diesen „von der Kasse bezahlten" Maßnahmen nach, in der festen Überzeugung, dass sie ausschließlich der Gesunderhaltung und Krankheitsvorbeugung der Bevölkerung dienen. Es kommen uns keinerlei Zweifel am Sinn und Nutzen dieser Untersuchungen in den Sinn. Doch wir können diese Empfehlungen auch aus einer anderen Perspektive betrachten.

Impfungen

Die heute angebotenen Mehrfach-Impfungen, die bereits für Säuglinge und Kleinkinder angeboten werden, sind im höchsten Grade gesundheitsschädlich. Sie belasten den Organismus extrem und dienen, so lautet meine heutige Überzeugung, vor allem dem wirtschaftlichen Wohlergehen der Chemie-Industrie. Das schlagende Gegenargument der Krankheitsindustrie lautet: Der globale Impfschutz sei nicht mehr gegeben, wenn immer mehr Personen von der Impfung ihrer Kinder absähen. Es mag ja zutreffen, dass einige Impfungen auch zum Rückzug bestimmter Erreger geführt haben, doch die heute angewendete Impfpraxis ist in meinen Augen eindeutig zu aggressiv.

Nicht anders als bei den Mehrfachimpfungen von Kleinkindern verhält es sich bei den vorsorglichen Grippeimpfungen, die jährlich zur Herbstzeit insbesondere älteren und gesundheitlich labilen Personen angeraten werden. Gerade diese Personengruppen sind nicht nur anfälliger gegenüber Grippeerregern, sondern auch für die mit der Impfung verbundenen Schädigungen und Belastungen. Außerdem nützt es uns letztlich wenig, gegen einen bestimmten oder wenige Erreger immunisiert zu sein, denn es gibt deren zahlreiche verschiedene. Die Ängste derer, die diese „Vorsorgemaßnahmen" in Anspruch nehmen, werden in unverantwortlicher Weise geschürt und so der Boden für tatsächliche Erkrankungen eher bereitet als die Gefahr beseitigt.

Noch gravierender waren und sind die globalen Impfaufrufe der Weltgesundheitsorganisation (WHO) im Zusammenhang mit Vogelgrippe, Schweinegrippe und sonstigen vermeintlich verbreiteten Pandemien. In Erinnerung ist uns noch der von Regierungsvertretern und Medien kräftig unterstützte Versuch des Jahres 2007 geblieben, uns von der Notwendigkeit einer Impfung gegen die Viren H5N1, H7N7 und H1N1 zu überzeugen. Dankenswerterweise ist es den Drahtziehern dieser Kampagne damals nicht geglückt, ihr Vorhaben im großen Stil zu verwirklichen. Trotz größter Bemühungen brach diesmal keine Hysterie aus, und das Ansinnen der Pharma-Industrie und ihrer Handlanger lief zu ihrem Leidwesen ins Leere.

Böse Zungen behaupten sogar, dass Pandemien wie Ebola und Spanische Grippe gezielt verbreitet würden bzw. werden sollten, um Panik zu schüren und große Teile der Weltbevölkerung tatsächlich auszurotten. Wenn die getroffenen Maßnahmen nicht ausreichen sollten, könne man ja noch einmal im großen Stil nachlegen und die bisher noch nicht von der Pandemie Betroffenen mit dafür geeignetem Impfstoff infizieren. Ob es sich bei solchen Meldungen um reine Verschwörungstheorien oder plausible Realität handelt, mag jeder für sich beurteilen. Ein gesundes Misstrauen gegenüber Impfkampagnen im großen Stil erscheint jedenfalls angebracht.

Vorsorgeuntersuchungen

Wenn wir ein bestimmtes Alter erreicht haben, steigt die Wahrscheinlichkeit für bestimmte Erkrankungen, so heißt es. Wir bekommen statistisches Zahlenmaterial über die Verbreitung bestimmter Krankheiten vorgelegt, werden vor Herz-/Kreislauferkrankungen, Diabetes und diversen Krebsarten gewarnt und aufgefordert, uns regelmäßigen Kontrolluntersuchungen bei Urologen und Frauenärzten zu unterziehen. Frauen zwischen fünfzig und fünfundsechzig Jahren bekommen alle zwei Jahre eine schriftliche „Einladung“ zur Mammographie, die sie nur schwer und manchmal erst nach mehreren Versuchen absagen können. Man mag uns bei den Verantwortlichen nicht wirklich glauben, wenn wir nicht einfach eine Terminverlegung, sondern tatsächlich eine Annullierung des Termins anstreben. Doch dienen diese Maßnahmen wirklich nur der Früherkennung unerwünschter Erkrankungen? Ihre Durchführung selbst ist weder ohne Risiko noch besonders angenehm, und häufig ist sie mit der Provokation von Ängsten verbunden. Ständig sollen wir uns vor Augen halten, was wir alles für furchtbare Krankheiten bekommen könnten, eindringlich dokumentiert durch ausgehängtes Anschauungsmaterial in den Wartezimmern der Arztpraxen. Jedoch macht es uns nicht gesünder, wenn wir unsere Energie auf die Möglichkeit richten, bestimmte Krankheiten zu bekommen.

Selbst während der Schwangerschaft wird uns nahegelegt, eine Fruchtwasseruntersuchung durchführen zu lassen, wenn wir oder unser Partner ein bestimmtes Lebensalter überschritten haben. Diese Untersuchung ist für den Fötus nicht ohne Risiko und enthüllt nur einige wenige genetisch bedingte Erkrankungen. Die übrigen bleiben trotz dieser Untersuchung unentdeckt. Und dann: Was würden wir denn tun, wenn eine dieser Krankheiten bei dem Wesen, das wir im Bauch tragen, entdeckt würde? Würden wir es töten, abtreiben, nur weil es anders wird, als wir uns das im Vorfeld vorgestellt haben? Würden wir ihm die Chance verwehren, in genau diesem Körper seine irdischen Erfahrungen zu machen und uns selbst dadurch ebenfalls?

Organspenden

Von großen Werbeplakaten strecken uns junge glückliche Menschen ihre Zungen entgegen, um auf die Möglichkeit eines Speichelabstrichs hinzuweisen, der uns zu potenziellen Knochenmarks-Spendern werden lässt. Doch hat unsere Hilfsbereitschaft nicht den praktischen Nebeneffekt, dass gleichzeitig unsere DNA damit enthüllt wird?

Auch sonst werden wir häufiger aufgerufen, unsere Organe für andere nach unserem klinischen Tod zur Verfügung zu stellen. Doch was bedeutet das? Wann genau setzt dieser Tod ein, und wer stellt diesen fest? Ist in jedem Fall gewährleistet, dass es unsere freie Entscheidung war, unsere Organe zur Verfügung zu stellen? Ab und zu hören wir Meldungen über die sogenannte „Organmafia“, von skrupellosen Fällen von Geschäftemacherei auf Kosten Todkranker und noch Lebender. Selbst wenn dies wirklich Einzelfälle sein sollten, bleiben genügend ethische und spirituelle Fragen offen: Sind unsere Organe tatsächlich nur Zellklumpen oder enthalten sie Informationen über uns als menschliches Individuum? Hieß es nicht sogar, der Sitz unserer Seele sei unser Herz? Wollen wir, wenn wir diese Möglichkeit in Betracht ziehen, in einem fremden Körper weiter leben? Oder ist es uns lieber, uns nach unserem natürlichen Tod selbst unsere Aufgaben für unsere nächste Inkarnation auszusuchen und genau dafür geeignete Voraussetzungen auswählen?

Aus Sicht eines SeelenMenschen müssen wir die Frage der Bereitschaft, selbst ein Organ zu spenden bzw. ein solches von einem Spender anzunehmen, in den meisten Fällen abschlägig beurteilen. Häufig steht dies nicht im Einklang mit der Sichtweise über uns Menschen, die uns als ganzheitliche und kosmische Wesen beschrieben hat. Nach dem tibetischen Totenbuch, Bardo Thödröl, durchläuft der Sterbende fünf Phasen. Ein Organ, das funktionsfähig weiter arbeiten soll, müsste in der ersten oder spätestens zweiten dieser Phasen entnommen werden. Das bedeutet, dass wir den sterbenden Menschen durch die Organentnahme möglicherweise um wichtige Erfahrungen bringen.

Anders verhält es sich, wenn wir ein Organ zum Beispiel an einen Familienangehörigen spenden, durch dessen Verlust wir selbst nicht lebensbedrohlich eingeschränkt werden. In einem solchen Fall kann die Spende tatsächlich zum Liebesdienst werden.

Die Mittel, mit denen wir von offiziellen Stellen von der grundsätzlichen Notwendigkeit unserer Spendenbereitschaft überzeugt werden sollen, erscheinen oft fragwürdig. Eindeutig wird mit moralischem Druck gearbeitet, das heißt, wir sollen uns schlecht und egoistisch fühlen, wenn unsere Entscheidung dagegen ausfällt. Aber selbstverständlich möge sich auch hierüber jede und jeder sein eigenes Bild machen.

Leben verlängernde Therapien bei Schwerkranken

Dazu werden weiter unten im Kapitel „Leben und Tod“ noch einige Überlegungen angestellt, deshalb hier nur einige Aspekte aus der Sicht des Lebens.

Wenn wir von einer lebensbedrohlichen Krankheit betroffen sind, ist es eine schwierige Entscheidung, wie wir damit umgehen sollen. Sollen wir in dieser Situation alles in Anspruch nehmen, was uns als lebensverlängernd angeboten wird, zum Beispiel schwierige Operationen, Organtransplantate, Bestrahlungen oder Chemotherapie? Aus Sicht des ErdenMenschen sollten wir abwägen, welchen Preis wir für eine nicht garantierte aber mögliche Lebensverlängerung zahlen müssten – Qualität gegen Quantität.

Aus Sicht des SeelenMenschen sollten wir uns die Frage stellen, warum wir diese Krankheit überhaupt bekommen haben und welches ihre Botschaft an uns ist. Vielleicht können wir dann beurteilen, ob sie uns tatsächlich zum physischen Tod führt oder ob sie uns nur eine Warnung schicken möchte. Wenn unsere Seele wirklich noch wichtige Aufgaben in diesem Körper erfüllen möchte, werden wir noch eine Weile lang weiterleben, wie auch immer wir uns gegenüber den zur Disposition stehenden Therapien entscheiden mögen. Sind wir dieses Lebens im Grunde unseres Herzens überdrüssig, ist es vielleicht jetzt noch möglich, einen neuen Sinn zu definieren. Immer wieder hören wir von erstaunlichen Beispielen für Spontanheilungen.

Einen unglaublichen Bericht liefert uns Anita Moorjani in ihrem Buch „Heilung im Licht. Wie ich durch eine Nahtoderfahrung den Krebs besiegte“. Als sie im Koma liegend ins Krankenhaus eingeliefert wurde, war ihr körperliches System bereits völlig zusammengebrochen. Ärzte und Angehörige warteten auf ihren Tod, als sie mit der Gewissheit erwachte, vollständig gesundet zu sein. Sie war sich dessen absolut sicher und ihre Symptome bildeten sich innerhalb kurzer Zeit zurück. Allein, die Mediziner konnten es nicht glauben. Anita ließ ihnen zuliebe alle möglichen Untersuchungen über sich ergehen, die ihre Aussage allesamt bestätigten. Sie selbst brauchte diese Bestätigung nicht, denn sie lebte in vollkommener Gewissheit. Heute reist sie in der Welt umher und erzählt von ihrer ungewöhnlichen Erfahrung.

Konsumverhalten

Kauflust braucht leere Seelen und bringt volle Kassen.

(Dr. Jürgen Wilbert)

Konsum macht nicht glücklich. Die Menge dessen, was jemand konsumieren kann, ist sehr begrenzt. Ein Millionär hat auch nur 10 Finger, um Ringe dranzustecken.

(Buddhistische Weisheit)

Mit ihrer goldenen Kundenkarte sind die Menschen durchschaubarer geworden als auf dem Röntgenschirm.

(Erhard Blanck)

Als Bürger unseres Landes tragen wir durch unser Konsumverhalten zur Erhöhung der Wirtschaftsleistung bei. Diese wird in Bruttoinlandsprodukt BIP gemessen und soll sich nach Auffassung unserer Politiker und Finanzexperten möglichst stetig erhöhen. Doch ist das wirklich wünschenswert? Und wie soll das bei sinkenden Bevölkerungszahlen eigentlich funktionieren? Dazu verfolgen diejenigen, die daran interessiert sind, verschiedene Strategien.

Einerseits sind Produkte, die wir heute kaufen können, weniger lange haltbar. Wenn wir vor einigen Jahrzehnten ein Handrührgerät oder eine Waschmaschine kauften, verrichteten diese Geräte über viele Jahre ihren treuen Dienst. Sie waren stabil und unverwüstlich. Das Etikett „Made in Germany" galt als Qualitätsgarant, auch im Ausland. Zwar wurde es ursprünglich in England eingeführt, um „billige Importware" zu kennzeichnen. Doch erwiesen sich die Produkte als qualitativ so hochwertig, dass sich das Etikett unbeabsichtigt zum Qualitätssiegel wandelte. Wenn wirklich einmal etwas kaputt ging, konnte es repariert werden. Es gab kompetente Kundendienste, die diese Aufgabe gegen angemessene Bezahlung gerne übernahmen. Heute ist Wertarbeit, welcher Nationalität auch immer, Mangelware. Zuverlässigkeit und Haltbarkeit haben sich durch die verbesserte Technik keinesfalls erhöht, sondern das Gegenteil ist der Fall. „Ein Schelm, der Böses dabei denkt", könnte auf die Idee kommen, dass diese Entwicklung den Herstellern nicht ungelegen kommt. Wir sind gezwungen, die Dinge, an die wir uns gewöhnt haben und die unseren Alltag erleichtern, häufiger einmal zu ersetzen.

Andererseits wird ständig neuer Bedarf provoziert. Wenn wir meinen, alles, was wir brauchen, bereits zu besitzen, dann versucht man uns einzureden, dass es hier noch etwas Nützliches gäbe und dort noch etwas Unverzichtbares. Mit Hilfe aufwendiger Werbekampagnen wird uns eindrucksvoll vor Augen geführt, dass wir hinterweltlerisch, unmodern und nicht auf der Höhe des Geschehens seien, wenn wir dies und jenes nicht besäßen. In der Unterhaltungselektronik wird dieses Vorgehen besonders deutlich. Hier schreitet die technische Entwicklung sehr schnell voran. Sobald wir ein brandneues Smartphone besitzen, ist es auch schon wieder veraltet. Ständig werden Spielekonsolen auf den Markt geworfen, die eine noch höhere Bildqualität aufweisen als ihre Vorgängermodelle. Dass die Produktion neuer Spiele damit kaum Schritt halten kann, scheint kaum jemanden zu interessieren. Hauptsache man besitzt schon einmal das neueste Modell.

Im Bereich der Gesundheitsindustrie hält uns die Werbung erstaunliche Störungen vor Augen, die uns täglich heimsuchen könnten. Kopfschmerzen, Völlegefühl oder schwere Beine können mit der geeigneten Tablette, dem wohltuenden Joghurt oder der passenden Beinsalbe umgehend beseitigt werden. Sollte das wider Erwarten nicht funktionieren, haben wir ja, Gott sei Dank, alle unseren Arzt oder Apotheker, den wir befragen können. Doch vielleicht hilft es mindestens so gut, wenn wir achtsam mit uns umgehen. Spüren wir doch einfach, wenn es an der Zeit ist, einmal eine Pause einzulegen (auch ohne Müslriegel), verzichten wir darauf, uns mit gesundheitsschädigenden Pseudonahrungsmitteln vollzustopfen und gönnen wir uns ein entspannendes Bad, wenn wir abends von des Tages Arbeit müde geworden sind. Wir benötigen die angepriesenen Produkte nicht, sie helfen niemandem außer denen, die sie produzieren und verkaufen.

Sich ab und zu etwas Schönes, Neues zum Anziehen zu gönnen, kann uns Freude bereiten. Wir fühlen uns schick und damit wohl in unserer Haut. Das ist ein angenehmes Lebensgefühl, und niemand wird dagegen ernsthaft etwas einzuwenden haben. Es steht uns zu, uns etwas Gutes zu tun, auch wenn unser Kleiderschrank vielleicht schon gut gefüllt sein mag. Doch sich dem Diktat einer Modeindustrie zu unterwerfen, hat eine andere Qualität. Sich tagein, tagaus damit zu beschäftigen, welche Farben, Schnitte und Schuh-Absatzformen gerade angesagt sind, lenkt uns ab von unserem eigentlichen Leben und von uns selbst. Richtig zum Einsatz gebracht, können wir Kleidung und Accessoires dazu nutzen, unsere Individualität zu unterstreichen und unsere äußerlichen Vorzüge hervorzuheben. Dazu müssen wir nicht verfolgen, was gerade auf dem Markt aktuell ist, sondern wir schaffen unser ganz persönliches Outfit, das uns zu unverwechselbaren Individuen macht. Dadurch erlangen wir innere Stärke und Unabhängigkeit von jeglichem Modediktat.

Im Bereich des Nahrungsmittelkonsums können unterschiedliche Trends beobachtet werden. Einerseits ist seit Jahren eine Zunahme von Fertignahrungsmitteln zu erkennen. Fastfood wie Hamburger und Tiefkühlpizza haben Hochkonjunktur. Auf der anderen Seite ist das Fernsehprogramm voll von Kochsendungen, in denen Sternekochs vor unseren Augen die erlesensten Speisen zubereiten. Der Gourmet in uns kommt auf seine Kosten und die Delikatessabteilungen unserer Kaufhäuser lassen keine Wünsche offen. Der dritte Trend der letzten Jahre geht in Richtung individueller Essgewohnheiten. Die Anzahl der Vegetarier und Veganer ist in jüngerer Zeit enorm gestiegen. Fast jedes Restaurant bietet mittlerweile ein entsprechendes Angebot. Ebenso hat die Zahl derjenigen zugenommen, die unter Laktose-Intoleranz, Allergien gegenüber bestimmten Getreidesorten oder sonstigen Unverträglichkeiten leiden und daher bestimmte Nahrungsmittel nicht mehr konsumieren. Unabhängig davon, ob aus Gründen der Verträglichkeit oder aus höherer Überzeugung heraus, unsere Essgewohnheiten werden immer individueller. Das führt dazu, dass sich parallel zum Markt der Massenprodukte auch ein Markt entwickelt hat, der diesen spezifischen Ernährungsbedürfnissen entgegenkommt.

Unser Konsumverhalten bezieht sich nicht nur auf Produkte, sondern auch auf die Art und Weise, wie wir mit den Massenmedien umgehen. Tageszeitung und Fernsehprogramm befinden sich gegenüber modernen Online-Medien auf dem Rückzug. Und dennoch verfügen sie nach wie vor über erheblichen Einfluss auf unsere Meinungsbildung. Wir können Geschriebenes und Gesendetes unreflektiert übernehmen, oder wir können seinen Wahrheitsgehalt hinterfragen. Letzteres erscheint mehr als angebracht, denn als informierte Bürger wissen wir, dass es die vielgepriesene Meinungsvielfalt in Wahrheit nicht gibt. Zeitschriften und Fernsehprogramme mögen unterschiedliche Namen haben, doch das, was sie uns an vermeintlichen Informationen liefern, ist letztlich ähnlich bis gleich. Wir sollten uns darüber bewusst sein, dass es neben aufrechten und wahrheitssuchenden Journalisten auch jene gibt, die in den Aufsichtsräten großer Konzerne sitzen, und das ist keine gute Voraussetzung für unsere grundgesetzlich verankerte Pressefreiheit.

Auch als SeelenMenschen leben wir in der irdischen Welt, kommen unseren Bedürfnissen nach Kleidung, Nahrungsaufnahme, Information und vielem anderen nach. Wir können und wollen uns nicht aus der Gesellschaft „ausklinken“. Aber wir können sie mitgestalten. Wie und was wir konsumieren hat eine Wirkung auf die Gemeinschaft und auf die Angebote der Konsumindustrie.

Wenn wir die Massentrends als ungesund erkannt haben, bemühen wir uns um Kleidung und Nahrung, die nachhaltig produziert wurde. Wenn wir danach suchen, finden wir nicht nur Billigware, die von chinesischen Kindern unter menschenunwürdigen Bedingungen hergestellt wurde, sondern auch entsprechend ausgezeichnete hochwertige Produkte. Wir achten darauf, dass wir nicht unnötig Abfall produzieren, dass wir nur so viel einkaufen, wie wir auch tatsächlich verbrauchen und dass die Transportwege möglichst kurz ausfallen. Wir müssen nicht zu allen Jahreszeiten Erdbeeren und Spargel essen können.

Sofern wir körperlich gesund sind, streben wir den vollkommenen Verzicht auf Fleisch an. Dadurch ersparen wir uns die Zufuhr von Antibiotika und anderer unerwünschter Medikamente, die während der Tierhaltung verabreicht werden, wir schützen uns vor den Energien der Angst, denen die Tiere während der Schlachtung ausgesetzt sind und wir tragen dazu bei, dass die grauenhaften Bedingungen der Massentierhaltung endlich verschwinden. Sollten wir uns jedoch dazu entschlossen haben, weiterhin tierische Nahrungsmittel zu verzehren, können wir diese in Bioläden erwerben. So unterstützen wir zumindest eine Tierhaltung, die unsere Mitgeschöpfe nicht vollkommen als seelenlose Ware einstuft und behandelt.

Beim Erwerb von Kosmetika achten wir darauf, dass sie ohne die Durchführung von Tierversuchen hergestellt werden. Die Einnahme von Medikamenten können wir auf das unbedingt Notwendige beschränken. Das gilt auch für den Konsum der Mainstream-Medien. Auch hier gibt es andere Quellen der Information, die kritisch und unerschrocken an die Themen unserer Zeit herangehen und die auch Dinge zur Sprache bringen, die nicht im Fokus der allgemeinen Öffentlichkeit stehen. Wir werden uns wundern, was da so alles vor uns verborgen werden soll. Doch je weniger wir uns abspeisen lassen, umso schwerer wird es den Mächtigen fallen, uns die verborgene Wahrheit vorzuenthalten.

Geld und Besitz

> *Lasse den materiellen Reichtum in dein Haus,*
> *aber nicht in dein Herz.* (alte Weisheit)

Wir alle haben das Recht auf ein Leben in Wohlstand und Fülle. Es steht uns zu, für die Leistung, die wir erbringen, auch auf materieller Ebene einen angemessenen Energieausgleich zu bekommen. Das gilt für die Arbeit im Angestelltenverhältnis ebenso wie für unseren selbständig erbrachten Beitrag. Nach dem sechsten kosmischen Gesetz erfordert jedes Geben, sei es in Form von Produkten oder Dienstleistungen, ein Geben auch auf der Gegenseite. Spirituell arbeitende Menschen tun sich manchmal schwer mit dieser Erkenntnis. Sie sehen ihre Arbeit als Berufung und sind innerlich erfüllt davon. So meinen sie, das sei Fülle genug, und haben Hemmungen, auch einen angemessenen finanziellen Ausgleich zu fordern. Doch dieser ist schon deshalb erforderlich, damit ihre Arbeit die nötige Anerkennung erfährt. Wir leisten einen wichtigen Beitrag und diese Tatsache muss gewürdigt werden. Diejenigen, die die Leistung in Anspruch nehmen, entwickeln eine angemessene Wertschätzung gegenüber dem Empfangenen.

Die Frage „Geld oder Liebe" stellt sich also in dieser Form nicht. Es gibt kein Entweder/Oder, sondern ein Sowohl/Als auch. Inhaltlich geht es um das Leben, das Leben in Liebe. Doch das Mittel dazu ist in unserer Gesellschaft Geld. Genau genommen ist Geld ein Zahlungsmittel. Es ist dafür da, um Dinge und Leistungen, die wir benötigen oder die wir gerne hätten, zu erwerben.

Als SeelenMenschen sollten wir uns nicht allzu sehr sorgen, ob und wie wir genug Reichtum anhäufen. Das, was wir benötigen, wird uns zur Verfügung stehen. Unsere kosmischen Helfer werden dafür sorgen, dass wir genug bekommen, um gut zu leben und um unsere Vorhaben umzusetzen. Sie sind dafür da, uns Unterstützung zu gewähren. Wenn es einmal eng werden sollte, rufen wir den „kosmischen Bankier", und er wird uns Beistand leisten.

Wir sind dazu geboren, ein gutes Leben auf allen Ebenen zu leben. Dazu gehört auch materieller Wohlstand. Spätestens im Moment unseres Todes wird uns klar, ob wir unser Leben damit verbracht haben, uns irgendwie durchzuschlagen oder ob wir tatsächlich ein Leben in Fülle geführt haben, in Fülle auf allen Ebenen. Wir sind nicht auf die Welt zu kommen, um im Mangelbewusstsein dahinzuvegetieren, wir sind gekommen, um in jeder Hinsicht aus dem Vollen zu schöpfen. Geist ist unendlich viel vorhanden, und deshalb gibt es nach dem ersten kosmischen Gesetz auch bei seiner Manifestation keine Begrenzungen.

Dieses Gesetz wirklich zu verinnerlichen und danach zu leben, ist leichter gesagt als getan. Wir neigen dazu, überall Begrenzungen wahrzunehmen, rechnen hin und her und meinen, uns bestimmte Dinge einfach nicht leisten zu können. Doch, wenn das, was wir anstreben, im Einklang mit dem Universum steht und wir es wirklich, wirklich wollen, werden uns die Mittel, die wir zur Umsetzung brauchen, auch zur Verfügung gestellt. Das Vertrauen darauf zu erlangen ist für die meisten von uns eine echte Herausforderung. Von klein auf sind wir daran gewöhnt, „realistisch" zu denken, das heißt mit Hilfe unseres Denkapparats abzuwägen, was sich rentiert und was nicht. Für unsere Seele gelten jedoch ganz andere Kriterien. Sie möchte ihre Bestimmung erfüllen, auch wenn diese zum Beispiel im Anbieten einer Leistung liegt an einem Ort, an dem sich nach erdenmenschlichem Ermessen kaum jemand dafür interessieren wird.

Und dennoch, wir müssen dem Ruf unserer Seele folgen, auch wenn der Weg nicht einfach wird. Besonders schwierig gestaltet sich das in der Regel angesichts unserer wohlmeinenden Mitmenschen, die versuchen, uns von unserem Seelenplan abzuhalten. Sie wissen nichts von diesem, sehen alles mit den Augen des ErdenMenschen und rechnen uns im Detail vor, dass unser Plan nicht aufgehen kann. In der Regel meinen sie es gut, wollen uns die Augen öffnen und uns vor möglichem Misserfolgen bewahren. Es bedarf eines tiefen Vertrauens und einer ausgeprägten Entschlussfähigkeit, damit wir uns von unserem einmal eingeschlagenen Weg nicht abbringen lassen. Doch im Sinne unserer Bestimmung müssen wir konsequent bleiben.

Politik und Globalisierung

Die Nichtzusammenarbeit mit dem Schlechten gehört ebenso zu unseren Pflichten wie die Zusammenarbeit mit dem Guten. (Mahatma Ghandi)

Im Zeitalter der Globalisierung spielt sich die eigentlich entscheidende Politik auf internationaler Ebene ab. Für Europa wird in Brüssel entschieden, wie die politischen Weichen für die Zukunft gestellt werden. Die Art und Weise, wie das geschieht, ist mitunter desillusionierend. Die wenigsten Abgeordneten haben eine Ahnung von den Inhalten, über die sie da täglich abstimmen, sie sind oft desinteressiert an Sachthemen, und entsprechend spärlich besucht sind die Parlamentsgebäude. Die politische Landschaft wird durch Lobbyisten bestimmt, die von Global Playern losgeschickt werden, um die Beamten von ihrer Strategie „zu überzeugen". Die Mittel, die sie dafür zum Einsatz bringen, können wir uns lebhaft vorstellen.

Hinter verschlossenen Türen werden auf höchster Ebene Beschlüsse gefasst, deren Tragweite dem normalen Bürger erst allmählich dämmert. Mit Unterstützung der Massenmedien gelingt es den Verantwortlichen allzu häufig, uns hinters Licht zu führen, wichtige Entscheidungen zu verheimlichen oder zu verharmlosen. Auf diese Weise versucht man, das Wasser und den öffentlichen Nahverkehr zu privatisieren, das Wetter zu beeinflussen und das Saatgut für die Landwirtschaft zu vereinheitlichen. Es werden Freihandelsabkommen mit anderen Kontinenten abgeschlossen, die Qualitätsstandards weltweit untergraben sollen, die Gentechnologie wird legalisiert, im großen Stil werden Waffen hergestellt und in Kriegsgebiete exportiert. Es sind dieselben Kriegsgebiete, die zuvor als Absatzmärkte für diese Waffen geschaffen wurden und die nach Beendigung des Konflikts der wirtschaftlichen Unterstützung ihrer ehemaligen Feinde bedürfen. Die Menschenleben, die diesem globalen Theater zum Opfer fallen, interessieren niemanden aus dem Lager der Mächtigen.

Es wird versucht, uns zu gläsernen Menschen zu machen. Bargeld wird mehr und mehr durch den Einsatz von Kreditkarten ersetzt, unsere Personalausweise und Gesundheitskarten werden immer „fälschungssicherer" und per Smartphone und Facebook geben wir sogar freiwillig unsere Privatsphäre preis. Es ist eine Frage der Zeit, wann wir zu Chipträgern und damit vermeintlich willenlosen Werkzeugen der sogenannten Elite verkommen.

All dies geschieht mit Zustimmung oder allenfalls unter halbherzigen Protesten unserer nationalen Regierungen, deren Akteure uns zunehmend vorkommen, wie ferngesteuerte Marionetten. Diese Entwicklungen bieten Stoff genug, um sich darüber aufzuregen. Es gibt mittlerweile Internetportale, in denen wir Protestaktionen gegen offensichtliches Unrecht unterstützen können, indem wir zum Beispiel Unterschriftenlisten unterschreiben. Doch wissen wir wirklich, was dahintersteckt und wer diese initiiert hat? Es gibt genug ernstzunehmende Stimmen, die vermuten, dass es sich bei dieser Vorgehensweise lediglich um eine subtilere Strategie handelt, um uns dahin zu bekommen, wo man uns haben will. Auf die Schiene des Protests, der Wut und der Angst. Gezielt werden wir auf vermeintlich aufgeklärten Pfaden über das informiert, was hinter den Kulissen abläuft. So erreichen die Strippenzieher dieser Entwicklungen jene, die nicht bereit sind, an die Unwahrheiten der Mainstream-Medien zu glauben. Diese versetzen sie damit in Angst, und Angst macht uns manipulierbar und schwächt uns.

Aus Sicht des SeelenMenschen steigen wir aus diesem Spiel der Manipulationen aus. Es gibt Beispiele von konsequenten Menschen, denen es tatsächlich gelungen ist, ohne Personalausweis, Smartphone oder Internetanschluss zu leben, die sich dem Konsum von genmanipulierten Nahrungsmitteln entzogen haben, indem sie selbst ihre Samenkörner züchten und das anbauen, was sie verzehren möchten. Dazu hat sicher nicht jeder die Möglichkeit, doch wir können besonnen reagieren. Wir können uns weigern, uns zu Opfern von Unwissenheit und Manipulation, von Angst und Kampfbereitschaft machen zu lassen. Wir können uns zu Gruppen Gleichgesinnter zusammenschließen und gewaltlosen Widerstand leisten. Wir können durch unsere gemeinsame Meditation ein Feld schaffen, das uns schützt. Je mehr Menschen sich für diesen Weg entscheiden, umso mehr verändern wir den weltweiten Geist der Trennung und Zerstörung, hin zu einem Geist des Friedens. Wenn wir das Spiel von Manipulation und Angst nicht mitspielen, wenn wir aufhören zu kämpfen, dann werden wir unangreifbar.

Wissenschaft und Bildung

> *Man kann einen Menschen nichts lehren, man kann ihm nur helfen, es in sich selbst zu entdecken.* (Galileo Galilei)

> *Der Lehrer und der Lernende erschaffen gemeinsam die Lehre.* (östliche Weisheit)

Die Aufklärung ebnete den Weg für die bis in unsere heutige Zeit verbreitete Maxime der Wissenschaft und des Alltagslebens vieler Menschen, dass alles erklärbar und auf materieller Ebene nachweisbar sei. Man glaubte nur, was man auf der äußeren, materiellen Ebene mit den dem gesunden Menschen zugänglichen Sinnen (Sehen, Hören, Fühlen, Riechen, Schmecken) wahrnehmbar ist. Alles, was es darüber hinaus noch geben mag, wurde und wird bis heute angezweifelt und hat allenfalls eine Chance auf Akzeptanz, wenn es wenigstens wissenschaftlich nachweisbar ist, mithilfe von technischen Geräten, die oft nichts anderes sind als eine tausend- oder millionenfache Verstärkung unserer menschlichen Sinne. Heute erleben wir in rasantem Tempo, wie sich diese überkommenen Denkmuster aufzulösen beginnen. Immer mehr Menschen haben Zugang zu höheren Ebenen ihres Seins, erfahren Dinge, die sie bis vor einiger Zeit noch für unmöglich hielten und im Reich der Märchen und Wunder angesiedelt hätten. Viele trauen sich heute offen über ihre Wahrnehmungen und Erfahrungen zu sprechen. Dadurch werden weitere Menschen „hellhörig" und beginnen, sich mit dem Leben jenseits des Materiellen zu beschäftigen.

In wissenschaftlichen Kreisen geriet die materielle Weltsicht bereits seit Beginn des zwanzigsten Jahrhunderts ins Wanken. Erstaunliche quantenphysikalische Entdeckungen und letztlich auch die Lehren Einsteins haben das materialistische Weltbild zunächst in einem kleinen Kreis von Wissenschaftlern in Frage gestellt. Immer häufiger wurden Stimmen laut, die dafür plädierten, Wissenschaft und Spiritualität wieder zusammenzuführen und die lange aufrechterhaltene Trennung aufzulösen.

> *Wissenschaft ohne Religion ist lahm, Religion ohne Wissenschaft ist blind.* (Albert Einstein)

Vor einigen Jahren bewegte der preisgekrönte Kinoerfolg „What the Bleep Do We (K)Now?!" aus den USA die Welt, der sich auch in Deutschland zu einem Kassenschlager entwickelt hat. Hier liefern vierzehn Wissenschaftler verblüffende Erklärungen und geben Denkanstöße: Wie wirklich ist unsere Realität? Warum kehren Krisen und Leid immer wieder? Haben wir Einfluss auf das, was passiert, oder sind wir Opfer der Umstände? Dabei bedienen sich die Forscher neuester Erkenntnisse von der Quantenphysik bis hin zur Gehirnforschung. Ihre Aussagen sind jedoch nicht nur wissenschaftlicher Natur: Die Grenze zwischen Wissenschaft und Spiritualität wird fließend, und wir erkennen, dass letztlich beide Sichtweisen die gleichen Phänomene beschreiben. Bleep sollte nicht der einzige Film in dieser Richtung bleiben. Wissenschaftler wie Dieter Broers (R-Evoloution) und Michael König bewegen sich auf ähnlichem Terrain.

Bei der Bevölkerung der westlichen Gesellschaften jedoch ist dieser Sinneswandel lange Zeit nicht angekommen, auch nicht bei den Intellektuellen der westlichen Gesellschaften. In den Schulen beispielsweise werden bis in die heutige Zeit hinein die überkommenen, veralteten Inhalte mit ebensolchen Methoden gelehrt. Ohne zu wissen warum, bäumen sich die heutigen Schüler dagegen auf. Sie haben keinen neuen Plan, keine neuen besseren Werte und Erkenntnisse. Aber sie spüren, dass das, was man ihnen als Lernstoff aufzwingt, nichts mit dem wahren Leben zu tun hat.

Ich erlebe dies in meinem persönlichen Leben täglich bei meinem jetzt 16-jährigen Sohn (Jahrgang 1998), der sich zurzeit durch die 11. Klasse eines Kölner Gymnasiums quält. Er ist kein schlechter Schüler, hat eine schnelle Auffassungsgabe und ein für seine Altersgruppe anzuerkennendes Pflichtbewusstsein. Auch, wenn meine eigene Schulzeit schon eine ganze Weile zurückliegt, kann ich mich doch noch sehr gut daran erinnern, dass pubertierende Jugendliche in der Regel andere Prioritäten setzen, als ihre Hausaufgaben zu erledigen und den Schulstoff möglichst gut zu verinnerlichen. Aber was sich heute in den Schulen abspielt, hat eine andere Qualität. Obwohl mein Sohn grundsätzlich anerkennt, dass er gewisse Dinge zu erledigen hat und dies auch in der Regel immer selbständig und ohne elterlichen Druck getan hat, wehrt er sich innerlich gegen die seiner Meinung nach völlig „überflüssigen" Inhalte, die der Schulalltag ihm zu bieten hat. Ähnliches konnte ich bereits einige Jahre zuvor bei meinem älteren Sohn (Jahrgang 1990) beobachten. Ich bin davon überzeugt, dass die Generation unserer Kinder das heutige System, das sie zu Recht als nicht zeitgemäß empfindet, endgültig überwinden und dazu beitragen wird, dass sich eine neue Sicht der Welt auch in unseren Schulen und Lehranstalten durchsetzen kann.

Diese neue Sicht sollte geprägt sein von der Eigenverantwortung eines jeden Menschen für sein Leben. Unsere Kinder sollen sich zu wahrhaft mündigen Menschen entwickeln. Dazu ist es erforderlich, dass wir ihnen das Wissen gemäß dem aktuellen Stand der Wissenschaft vermitteln und Erkenntnisse aus Grenzgebieten nicht vorenthalten. Nur so können wir Anstöße für ergebnisoffene Forschung und alternative Lebensmodelle geben. Die Art und Weise, wie wir selbst in unserer Schulzeit konditioniert wurden, darf sich nicht wiederholen.

Doch selbst wenn unsere Generation diese Starthilfe nicht hinbekommen sollte, werden unsere Kinder ihren eigenen Weg finden, um zum Ziel zu gelangen. Dann haben wir unsere Aufgabe als Lehrer zwar nicht erfüllt, doch mit all den technischen Hilfsmitteln und dem unverkennbaren Geist der Zeit bestens ausgerüstet werden unsere Kinder aus sich selbst heraus der zukunftsweisenden Spur folgen können und alte Informationen und Muster über Bord werfen, wenn sie ihnen nicht mehr hilfreich sind.

Sterben und Tod

Auf der anderen Seite des Weges

Ich bin ganz leise auf die andere Seite des Weges gegangen.
Alles bleibt genauso wie es war:
Das Leben, das wir so in Liebe miteinander verbracht haben,
bleibt unberührt.
Was wir füreinander waren, das sind wir noch.
Nennt mich so wie immer.
Sprecht von mir wie eh und je und nicht anders.
Werdet nicht feierlich oder traurig.
Lacht weiter über die Dinge, über die wir gemeinsam gelacht
haben.
Spielt, freut euch und denkt an mich. Betet auch für mich.
Man soll zu Hause von mir reden wie immer,
ohne Pathos, ohne Spur von Trauer.
Alles, was das Leben für uns gemeinsam bedeutet hat,

das bedeutet es immer noch.
Es besteht weiter. Der Faden ist nicht gerissen.
Was heißt schon Sterben? Es ist etwas, das täglich passiert.
Warum sollte ich aus eurem Leben verschwunden sein,
nur weil man mich nicht mehr sieht?
Ich bin ja nicht weit weg, nur auf der anderen Seite des Weges.
Ihr seht ja, alles ist so, wie es sein soll.
Ich warte doch nur auf euch. Alles ist gut.
(Worte des Heiligen Augustinus/Bischof von Hippo, 354–430)

Aus der Position des SeelenMenschen heraus fassen wir den Tod als Teil des Lebens auf. Er hat nichts Bedrohliches und nichts Endgültiges. Wir sind uns der Tatsache bewusst, dass wir uns für eine begrenzte Zeit auf der Erde verkörpert haben und dass diese Zeit früher oder später auf natürliche Weise endet. Wir sind davon überzeugt, dass unsere Seele nach unserem physischen Tod aus dem Körper entweicht und in die Astralwelt bzw. die höheren Welten überwechselt. Dort halten wir uns eine Weile lang auf, bis die Zeit für eine Wiederverkörperung gekommen ist. Wir nutzen diese außerkörperliche Zeit, um uns auf die nächste Inkarnation und die damit verbundenen Lernaufgaben vorzubereiten. Sind diese Vorbereitungen abgeschlossen, warten wir auf ein passendes Zeugungsereignis, mit dem wir in Resonanz treten können. Dies ist der Weg der Seele, die noch weitere Lernaufgaben zu bewältigen hat. Sind diese bereits abgeschlossen und ist alles Karma gelöst, ist keine weitere Verkörperung auf der Erde mehr nötig. Unsere Seele ist frei.

Trotz dieser Überzeugung hängen mit unserem physischen Tod bzw. dem unserer Angehörigen einige wichtige Fragen für unser Denken, Fühlen und Handeln als Menschen zusammen. Wir müssen uns zum Beispiel entscheiden, wie wir uns zu lebensverlängernden Maßnahmen positionieren wollen, wie zu aktiver oder passiver Sterbehilfe und zu der Frage nach der Art unserer Beisetzung. Wenn wir uns in der Rolle des Begleiters eines Sterbenden befinden, sind wir aufgefordert, einen angemessenen Umgang mit ihm zu pflegen und passende Maßnahmen zu ergreifen, um diesem seine letzte Lebenszeit auf Erden so angenehm wie möglich zu gestalten.

Als SeelenMenschen sollten wir nichts unternehmen, um das Leben eines Sterbenden vorzeitig zu beenden. Bis zu seinem physischen Ende können sich noch Prozesse abspielen, die sehr wertvoll für den Betroffenen im Sinne der Vollendung einer Lernaufgabe sein können.

Während meiner Ausbildung zur ehrenamtlichen Hospizhelferin wurden uns einmal Gemälde eines Bäckermeisters gezeigt. Dieser hatte während seiner mehrere Wochen dauernden Sterbephase acht Bilder gemalt. Die ersten wirkten recht naiv und dilettantisch, ganz so wie wir es von einem in dieser Richtung gänzlich Ungeübten erwartet hätten. Mit jedem weiteren Bild vergrößerte sich jedoch der sichtbare Symbolgehalt der dargestellten Objekte. Kurz vor seinem Tod schuf der Bäckermeister, der keine höhere Bildung genossen hatte, ein Werk, das von heiliger Geometrie nur so strotzte. Offensichtlich verbinden wir uns in unserer letzten Lebensphase mit höheren Informationen außerhalb unseres Selbst, die uns in früheren Lebensphasen nicht zugänglich waren. Wir wissen nichts über diese Vorgänge, aber unser Gefühl sagt uns, dass dies möglicherweise wichtige Entwicklungsschritte sind, die wir nicht vorzeitig unterbrechen dürfen. Das bedeutet nicht, dass wir auf schmerzlindernde Mittel wie Morphium verzichten müssen. Richtig dosiert können diese uns unsere letzte Lebensphase deutlich erleichtern, und dafür sollten wir dankbar sein. Doch auch hier ist Vorsicht geboten. Kurz vor dem Tod verabreicht, können diese Mittel dazu führen, dass sich die feinstofflichen Körper nicht vom physischen Körper lösen können und die Seele nicht den Weg ins Licht findet.

Andererseits sollten wir aber auch nichts unternehmen, um das Leben eines Menschen unnötig zu verlängern, wenn dies auf natürliche Art und Weise zu Ende geht. Das heißt, wenn wir Gewissheit darüber haben, dass die letzte Lebenszeit tatsächlich angebrochen ist, sollten wir keine weiteren Geräte und Maschinen einsetzen, um diesen Sterbeprozess zu verlängern. Ein möglichst natürlicher Ablauf begünstigt alle die für uns Lebende verborgenen Prozesse und Begegnungen, die sich in dieser Phase abspielen. Wir Zuschauer lassen geschehen und greifen möglichst wenig ein. Das stille Begleiten durch unsere Anwesenheit in Gebet oder Meditation kann dem Betroffenen Trost und Unterstützung bieten, auch dann, wenn er keine Signale mehr aussendet, die darauf hindeuten, dass er unsere Anwesenheit wahrnimmt. Sein Körper mag im Koma liegen, doch seine Seele nimmt die Situation wahr. Wenn der sterbende Mensch die Nahrungsaufnahme verweigert, dann soll es so sein, und wir sollten ihm nichts aufzwingen. Ein Betupfen der Lippen mit einem feuchten Lappen kann Mundtrockenheit lindern. Wir sind einfach für ihn da und schaffen einen Raum, auf den sich der Sterbende vertrauensvoll einlassen kann. Wir versuchen nicht, ihn zurückzuhalten und am Loslassen zu behindern, sondern unterstützen ihn bei dem Schritt, für den seine Seele sich entschieden hat.

Schwieriger gestaltet sich manchmal die Phase zu Beginn der Sterbezeit, dann, wenn der Betroffene aus seiner Sicht als ErdenMensch vielleicht noch Hoffnung hat, eine schwere Krankheit besiegen zu können. Es ist eine schwierige Entscheidung, ob und ggf. wie wir jemandem sagen, dass er bald sterben wird. Mediziner stehen immer wieder vor dieser Herausforderung. Einerseits wollen sie dem Patienten Gelegenheit geben, sich auf sein irdisches Ende vorzubereiten, andererseits kann die Nachricht über den vermeintlich baldigen Tod auch zur absoluten Selbstaufgabe des Betroffenen führen und diesen beschleunigt provozieren. Diesen umgekehrten Placebo-Effekt nennen wir Nocebo-Effekt, eine durch die Ankündigung des bevorstehenden Todes ausgelöste Angst und eine unter Umständen damit verbundene sich selbst erfüllende Prophezeiung.

Letztlich können auch Mediziner nicht wirklich abschätzen, wie viel Erdenlebenszeit uns noch bleibt. Auch gibt es immer wieder Spontanheilungen. In diesen Fällen entscheidet sich die Seele doch noch dazu, im Körper zu verweilen, möglicherweise weil noch nicht alle „Aufträge“ für dieses Leben erfüllt sind. Andererseits gibt es äußerlich gelungene medizinische Behandlungen und Operationen, nach denen Patienten für ihre Umwelt überraschend versterben. Hier hat die Seele sich entschieden zu gehen, mögen die anderen Menschen sich noch so anstrengen, dies zu verhindern. Ähnliches gilt für tödliche Unfälle. Auch sie entstammen einer Entscheidung der Seele und haben nichts mit zufällig stattfindenden Ereignissen zu tun, wie wir manchmal geneigt sind, anzunehmen.

In der Sterbebegleitung werden wir manchmal mit Bergen von Medikamenten konfrontiert, die die Betroffenen um sich herum aufgebaut haben und die sie vermeintlich einnehmen müssen. Wenn sie zum Beispiel eine Chemotherapie durchmachen, leiden sie häufig stärker unter den Folgen dieser „Therapie“ als unter der tödlichen Krankheit selbst. Ein Teil der verordneten Medikamente dient dann ausschließlich dazu, die Folgen der Chemotherapie im Rahmen zu halten. Wir sollten uns immer wieder die Frage stellen, ob wir diese Tortur wirklich auf uns nehmen wollen. Auch in dieser Situation können wir uns dafür oder dagegen entscheiden. Wir sind nicht gezwungen, uns dem mechanisierten Ablauf der Schulmedizin zu unterwerfen. Auch wenn wir körperlich geschwächt sind, sind wir freie Individuen und können unseren eigenen Weg gehen.

Angesichts des nahenden Todes zeigt sich manchmal eine erhebliche Diskrepanz zwischen dem, was wir meinen, uns zu wünschen, und dem, wozu sich unsere Seele längst entschieden hat. Als Menschen mögen wir uns gegen die Krankheit und die damit verbundene Diagnose wehren. Wir mögen jede lebensverlängernde Therapie in Anspruch nehmen. Wir mögen die fünf Sterbephasen durchlaufen, wie sie von Elisabeth Kübler-Ross festgestellt wurden. Nach Ansicht der Ärztin umfasst die Zeit des Sterbens die Phasen: Nicht-Wahrhaben-Wollen und Isolierung, Zorn und Ärger, Verhandeln, depressive Phase und Akzeptanz. Diese Phasen laufen jedoch meist nicht linear ab, sondern wechseln sich ab und durchdringen einander. Und dennoch mag sich unsere Seele für das Verlassen des Körpers entschieden haben. Je weniger bewusst wir Menschen gelebt haben und leben, umso größer fällt diese Diskrepanz aus. Je größer unsere Identifikation mit unserer Seele schon zu gesunden Lebzeiten war, umso eher gehen die Wünsche von Ego und Seele konform. In diesem Fall gehen wir im Frieden mit uns selbst und mit den anderen.

> *Das Geheimnis des Lebens ist zu sterben, bevor du stirbst –*
> *und herauszufinden, dass es keinen Tod gibt.*
>
> (Eckhard Tolle)

Die Art und Weise, wie wir uns beisetzen lassen, spielt für unsere weitere Entwicklung keine Rolle. Unsere irdische Hülle vergeht in jedem Fall, egal ob wir unseren Leichnam verbrennen lassen oder ihn in ein Grab legen und mit Erde bedecken. Dieser Prozess dauert nur unterschiedlich lange. Wir können uns zu Lebzeiten einen Platz aussuchen, an dem wir gerne begraben werden möchten. Dies kann uns mehr oder weniger angenehme Vorstellungen zu Lebzeiten vermitteln, doch nach dem Tod ist es uns einerlei. Es ist doch nur unsere materielle sterbliche Hülle, mit der dies oder jenes geschieht.

Als Angehörige von Verstorbenen mögen wir um den Menschen, den wir geliebt haben, trauern. Dies ist menschlich und ein natürlicher Prozess des Loslassens. Doch wenn wir ehrlich uns selbst gegenüber sind, trauern wir nicht wirklich um diesen Menschen, sondern um uns selbst, darüber, dass er von uns gegangen ist und wir nun allein sind. Zielführender wäre es, voller Liebe an diesen Menschen zu denken und uns darüber zu freuen, dass er einen Teil unserer Reise mit uns geteilt hat, so wie es das eingangs zitierte Gedicht des Heiligen Augustinus beschrieben hat. Und wer weiß, wann wir ihn wieder treffen?

Religion und Spiritualität

Der freie, erwachte Mensch braucht keine Religionsgemeinschaften mehr, keine irdischen Vermittler zwischen Gott und den Menschen, denen meist das Funktionieren ihrer Organisation wichtiger ist als die Inhalte und Lehren, die sie eigentlich vermitteln sollten. Er kann und sollte seinen eigenen Weg zu Gott finden, losgelöst vom sonntäglichen Kirchgang, Fußwaschungen oder sonstigen vorgegebenen Ritualen. Es geht nicht mehr um ein Leben in festgefahrenen Bahnen und Denkmustern, sondern um ein Leben im Christusbewusstsein. Und hier ist Christus nicht als „Religionsstifter" gemeint, sondern als einer der größten Meister unserer Zeit, der uns den Weg zu uns selbst, zu unseren Mitmenschen und zu Gott gewiesen hat und bis heute weist. Er hat dies alles in dem einen einzigen Satz zusammengefasst:

Liebe Gott über alles und deinen Nächsten wie dich selbst.

Wenn wir diesen Satz in unser Leben integrieren und danach fühlen, denken und handeln, dann sind wir wahrhaft entwickelte Menschen.

Es gibt viele gute Beispiele, in denen auch Vertreter der traditionellen Religionsgemeinschaften diese These als wahr erkannt haben und versuchen, ihre Arbeit danach auszurichten. So kenne ich eine kleine evangelische Kirchengemeinde in einem Kölner Stadtteil, in der sich die Verantwortlichen sehr um die Integration anderer Vorstellungen bemühen, auch wenn diese nicht unbedingt christlichen Ursprungs sind. So bieten sie regelmäßig Zen-Meditationen an und spirituelle Gesprächskreise, wo Mystiker, Dichter und Denker aller Religionen und Weltanschauungen zu Worte kommen. Diese Kreise sprechen noch nicht sehr viele Menschen an, aber sie bilden einen Anfang. Außerdem wird in dieser Gemeinde sehr liebevolle Seelsorge betrieben, zum Beispiel in Form einer engen Zusammenarbeit mit dem ambulanten Hospizdienst, der dem ortsansässigen Krankenhaus angeschlossen ist. Hier wird nicht danach gefragt, ob wir offizielle Angehörige einer Kirchengemeinde sind oder welches Verhältnis wir zu Gott und zum Leben haben. Diese Dienste kommen allen Menschen des Einzugsgebiets zugute, die sich danach erkundigen.

Die Arbeit derjenigen, die an solchen Projekten mitwirken, ist ungeheuer wertvoll. Wenn die äußere Form einer Kirchengemeinde oder einer sonstigen religiösen Organisation dazu beiträgt, uns auf solche oder ähnliche Wege aufmerksam zu machen und uns den Zugang zu solchen Projekten eröffnet, steht dies in absolutem Einklang mit den kosmischen Gesetzen. Den daran Mitwirkenden bietet es Gelegenheit, ihr Potenzial als Menschen zu entfalten und ihre Talente in die Gemeinschaft einzubringen.

Doch gibt es auch die anderen Beispiele, wo Misstrauen gegenüber Andersgläubigen und kleinherziges Denken immer noch im Vordergrund stehen: Vor einiger Zeit suchte ich im gleichen Stadtteil einmal eine Räumlichkeit für eine große private Feier. Ich fragte bei der katholischen Gemeinde an, die in ihrem Zentrum einen geeigneten Raum bewirtschaftete. Die wenig freundliche Antwort lautete, diese Räumlichkeit sei ausschließlich aktiven Gemeindemitgliedern vorbehalten. Was hat man darunter zu verstehen? Immerhin waren meine beiden Söhne in dieser Gemeinde zur Kommunion gegangen und einer von ihnen sogar dort getauft worden. Nun ja, wir haben eine andere Lösung für unsere Feier gefunden, die allen daran Beteiligten große Freude beschert hat.

Die zehn Gebote, wie sie uns von Moses überliefert wurden, laden uns nicht dazu ein, uns zu freien Individuen zu entfalten. Allesamt enthalten sie Verneinungen und stellen somit eine Aufzählung dessen dar, was wir alles nicht tun dürfen. Dass wir nicht töten, stehlen und lügen sollen, sollten wir auf unserer Reise durch das Leben irgendwie mitbekommen haben und wenn nicht, werden auch diese Gebote nichts daran ändern. Eigentlich handelt es sich um Verbote. Jeder psychologisch Interessierte weiß, dass unser Gehirn Verneinungen nicht akzeptiert. Wenn wir jemandem sagen: „Denk nicht an einen rosa Elefanten“ wird es ihm schwer fallen, diese Vorstellung loszulassen. Wenn wir unserem Kind sagen: „Iss nichts von diesem Kuchen“ wird es in Versuchung gebracht, dies zu tun. Die verbotenen Früchte sind doch die süßesten, wie schon Eva und Adam im Paradies wussten. Der Sinn und Zweck dieser Gebote besteht wohl eher darin, uns Angst einzujagen, Angst vor einer höheren Macht und Angst vor Strafe. Auch Angst davor, nicht gut genug zu sein und zu scheitern. Das macht uns schwer und lässt uns gebückt statt aufrecht und voller Freude durchs Leben zu gehen. Und so sind wir leicht zu lenken. Wir versuchen krampfhaft das zu tun, was uns angeblich im Auftrag Gottes vorgeschrieben wird. Sollte es uns nicht gelingen, leiden wir unter Schuldgefühlen und schlechtem Gewissen. Und auch das kommt den „religiösen Strippenziehern“ zugute. Womöglich nehmen sie uns noch die Beichte ab und halten damit ein weiteres Machtinstrument gegen uns in Händen. Viel schöner wäre es doch, wenn wir ganz aus uns selbst heraus so handeln würden, wie es für unser eigenes Leben und das unserer Mitmenschen am besten ist. Ein wenig Ermutigung und

Vertrauen darin, dass wir das hinbekommen, würde uns sicher eher zu mündigen und verantwortlichen Seelen heranreifen lassen.

Fanatische religiöse Gemeinschaften wie beispielsweise verschiedene moslemische Organisationen empfinden wir als irregeleitet. Vermutlich haben diese erkannt, dass der kapitalistisch-materialistische Weg der westlichen Welt nicht zum Ziel führt, nicht dazu angetan ist, einen freien, bewussten Menschen hervorzubringen. Mit dieser Einstellung haben sie Recht. Doch was setzen sie diesem westlichen Weltbild entgegen? Einmal abgesehen davon, dass das, was in ihren Reihen gelehrt wird, mindestens genauso wenig der Entwicklung des beschriebenen Menschentyps dient, sind Kampf und Terror niemals geeignete Mittel, um etwas Gutes, mit Gott und dem Kosmos im Einklang Stehendes zu bewirken. Sie erzeugen lediglich Hass und Kriegstreiberei auf beiden Seiten. Sie betonen das Trennende, nicht das Verbindende, und sie werden niemals in einer friedlichen Gemeinschaft der Menschen enden. Es ist Zeit für alle Beteiligten, endlich aus dem Täter-Opfer-Spiel auszusteigen und die endlose Spirale der Produktion neuen Karmas anzuhalten. Hören wir einfach auf damit, das Gesetz von Ursache und Wirkung weiter zu füttern. Irgendwann sind alle Ursachen ausgeglichen und dann ist das Spiel von ganz alleine vorbei. Die alten Muster haben ausgedient, sie finden keine Nahrung mehr.

Der einzige Weg, die Welt in der vorgeschlagenen Weise zu verändern, liegt darin, bei uns selbst damit anzufangen. Unsere Aufgabe ist es, unseren Seelenauftrag als kosmische Wesen zu erkennen und unsere Potenziale, Gaben und Talente zu seiner Erfüllung zum Einsatz zu bringen. Das sollte jeder Einzelne im stillen Gebet oder in der Meditation tun, und das sollten wir in Gemeinschaften mit Gleichgesinnten anstreben. So erschaffen wir überall kleine Gruppen höher schwingender Organismen, die sich gegenseitig erkennen und sich schließlich zu einem großen Ganzen vereinigen, ganz so wie bei der Raupe, die zum Schmetterling mutiert (s. Seite 84 ff.). Entscheiden wir uns dazu, so gemeinsam ein immer größer werdendes Feld von Freiheit, Bewusstheit und Spiritualität in einem ganz neuen Sinne zu erschaffen. Darin haben Engstirnigkeit, Materialismus, religiöser Fanatismus und Kampfbereitschaft endgültig keinen Platz mehr und das neue „Goldene Zeitalter“ kann endlich anbrechen.

Ende des Karmas

Allen diesen beschriebenen Lebensbereichen gemeinsam ist, dass wir die Wahl haben, wie wir damit umgehen, wie wir sie ausfüllen. Als ErdenMenschen können wir im Sinne der alten Energie mit Neid, Missgunst, Verletztsein, Haben-Wollen oder Kampf agieren und reagieren. Alternativ ist es auch möglich, dieselben Situationen und Lebensbereiche aus Sicht des SeelenMenschen zu erleben, so wie wir es hier beschrieben haben.

Die meisten von uns haben mehr oder weniger unangenehme, anstrengende oder auch sehr schlimme Erfahrungen in den hier aufgeführten Lebensbereiche gemacht und diese teilweise durchlitten. Viele der heute lebenden Menschen sind alte Seelen, die im Laufe der Zeiten schon alle denkbaren Erfahrungen gemacht haben, alles erlebt haben. Mehr als einmal waren sie Opfer und Täter. Für sie geht es nun darum, dieses endlose Pendel zum Stillstand zu bringen. Unser jetziges Erdenleben schafft deshalb wie kein anderes zuvor Möglichkeiten, diesen Ausstieg zu schaffen, ihn tatsächlich zu vollziehen.

Häufig erleben wir Situationen, die wir, während sie geschehen, als unangenehm, traurig, irgendwie schlimm und negativ einstufen. Im Rückblick aber sehen wir sie in einem völlig anderen Licht. Sie haben uns geholfen, vieles abzuschließen, uns davor bewahrt, neue Karmaketten zu beginnen. Menschen und Ereignisse traten in unser Leben, um genau dieses zu ermöglichen. Heute, aus Sicht des SeelenMenschen, sind wir möglicherweise dankbar für dieses großartige Geschenk. Mit dieser Sicht auf unser Leben erkennen wir erstmals das große Bild, die Bestimmung und handeln allein nach diesem Prinzip. Die Herausforderung besteht darin, dass das für manche unserer Mitmenschen nicht immer nachvollziehbar ist. Doch wir haben erkannt, dass wir unabhängig davon unseren Weg gehen müssen. Wir wollen niemandem wehtun, vermeiden dies, wo immer es geht. Doch das große Ziel ist mächtiger, und manchmal müssen wir uns über „kleingeistige" Erwägungen unserer Mitmenschen hinwegsetzen. Endlich haben wir verstanden, was Jesus Christus meinte, als er sagte:

> *Und jeder, der um meines Namens willen Häuser oder Brüder, Schwestern, Vater, Mutter, Kinder oder Äcker verlassen hat, wird dafür das Hundertfache erhalten und das ewige Leben gewinnen.* (Matthäus 19 (29))

Eigene Reflexionen über den Sinn einiger Aspekte meines eigenen Lebens aus der höheren Sicht des SeelenMenschens haben mich beispielsweise zu folgenden Erkenntnissen gebracht:

Warum habe ich in meiner Rückführung in ein Zwischenleben keine anderen Seelen getroffen? Habe ich mit niemandem mehr „ein Hühnchen zu rupfen", sollte wirklich alles aufgelöst sein?

Erfahrungen mit meinen Schullehrern: Oft war es mir als Schülerin so vorgekommen, als hätten sie sich gegen mich verschworen. Ich war machtlos, ohnmächtig, konnte nichts tun gegen vermeintliche Ungerechtigkeiten, meinte nichts tun zu können. Aus heutiger Sicht denke ich, es sollte so sein. Ich sollte nichts tun können, damit ich nicht aktiv wurde, damit ich erduldete. Was hatten sie zu anderen Zeiten, an anderer Stelle durch mich erduldet? War ich ihre Mutter, ihr Vater, ihr Heimleiter, ihr Peiniger gewesen? Egal, ich muss es nicht wissen! Es ist erledigt, abgeschlossen, vorbei. Ich bin keinem mehr Gram, ja die Erinnerungen an meine Schulzeit verblassen. Sie war mit Enttäuschungen gepflastert, Lehrer erkannten nicht, was in mir steckte, verstanden nicht, was ich sagen wollte. Enttäuschung und Zuversicht, immer wieder neue Zuversicht – das war mein Weg. Letztlich hat die Schulzeit meinem späteren beruflichen Werdegang nicht nachhaltig geschadet. In Form einer Reifeprüfung habe ich meinen Abschluss erreicht und alle schulischen Widrigkeiten konnten nicht verhindern, dass ich zunächst eine Ausbildung als Buchhändlerin absolvierte und später studierte.

Erfahrungen mit der Liebe: Ich durfte die Liebe erleben zu einem Mann, tiefer, intensiver als manch anderer. Einmal, lange, nachhaltig und dann hat sie sich aufgelöst, ist gestorben, ohne dass letztlich Groll, Eifersucht oder gar Hass zurückblieben. Auf beiden Seiten sind die Seile gelöst, jetzt endlich nach langem Leiden. Es war nicht einfach nach all den Jahren, es gab Vorwürfe, Wertungen, Gefühle und Emotionen. Doch jetzt ist es vorbei! Versöhnung geschah, Dankbarkeit für das Erlebte, auch viele schöne Erfahrungen, kann sich bilden, Fuß fassen, sich ausbreiten. Ein Energiefeld von Dankbarkeit!

Wir haben beide an uns gearbeitet, jeder auf seine Weise. Im Strom der Gnade, die alles vergibt, versöhnt, aufgelöst im Licht. Danke!

Wie habe ich gelitten, als ich spürte, dass mein Mann sich mir innerlich entzog, meine vermeintliche Liebe nicht mehr erwiderte! Aber liebte ich ihn überhaupt noch? War sein Verhalten nicht einfach ein Spiegel meines eigenen? Wie habe ich gelitten unter der, wie ich es empfand, abweisenden Art meiner (und seiner) Söhne! Wie habe ich gelitten, als ich spürte, wie sehr ich mich innerlich von meiner Mutter entfernte, fühlte mich schuldig, wenn ich sie ein paar Tage lang nicht besucht hatte.

Heute ist mir klar: All das geschah und geschieht zu meinem Besten! Die Bindungen lösen sich, haben es schon getan und ich bin frei!!! Vermutlich sind über dieses Thema ganze Folianten gefüllt worden, doch davon weiß ich nichts. In einer Nacht erfahre ich diese tiefe Wahrheit für mich, für mein Leben. Unendliche Dankbarkeit steigt auf, ich weine, weine … Früher habe ich mich oft gefragt, warum ich keine wirklich gute Freundin hatte, keine Geschwister. Es war gut so! Auf diese Weise konnten sich keine neuen Verstrickungen bilden, gab es keine zwischenmenschlichen Abhängigkeiten.

Und nun ist Raum da für die Liebe, die bedingungslose Liebe zu allem, was ist.

Danke!

Der Weg zur Meisterschaft

Unterstützung beim Prozess der Selbsterkenntnis und Selbstverwirklichung

Über der Pforte der antiken Welt stand geschrieben: Erkenne dich selbst. Über der Pforte unserer neuen Welt sollte geschrieben stehen: Sei du selbst. (Oscar Wilde)

Im antiken Griechenland wies uns das Orakel von Delphi den rechten Weg zur Selbsterkenntnis und Selbstverwirklichung. Das Wort „Selbstverwirklichung“ hören wir manchmal auch im Zusammenhang mit Angeboten wie „Töpfern in der Toskana“ oder dem „Absolvieren eines Jodelkurses“, kurz gesagt mit mehr oder weniger kümmerlichen Versuchen, etwas Gutes für unser Ego zu tun, etwas, das uns von den anderen abhebt und uns als einzigartig ausweist, eigentlich aber als ziemlich nutzlos gesehen wird. Ich möchte dies weder lächerlich machen, noch abqualifizieren, denn oft steckt tatsächlich mehr hinter derartigen Wünschen. Manchmal verbirgt sich dahinter das erste, zarte Aufmucken unserer Seele, ein erster zaghafter Versuch, auf sich aufmerksam zu machen. Ich erinnere mich daran, dass auch mein spiritueller Weg sich durch den Erwerb eines violetten Füllers mit violetter Tinte andeutete. Auch wenn so etwas nichts mit der Erfüllung eines Seelenplans zu tun hat, so mag es doch ein erster Ruf sein. Wir beginnen, unsere Fähigkeiten auszuloten, wir wagen erste vorsichtige Schritte auf unbekanntem Terrain.

Wenn wir uns dann tatsächlich einmal für den Weg der Seele entschieden haben, gibt es kein Zurück mehr. Wir verspüren einen Sog, der uns nach vorne zieht, ein gewaltiges Sehnen und Spüren in die Richtung unserer Bestimmung. Es gilt, diesen Weg nun konsequent, ja radikal zu verfolgen und uns durch das, was geeignet ist, darin unterstützen zu lassen. Oberflächliche Religiosität ist ebenso wenig dazu angetan, unser tiefes Bedürfnis nach Spiritualität zu erfüllen, wie „weichgespülte Räucherstäbchen-Esoterik“.

Traditionelle Religionsgemeinschaften schaffen es heute oft nicht wirklich, uns auf dem beschrittenen Pfad zu unterstützen. Wir können auch dort tiefe Weisheiten der Mystiker von Kabbala, Christentum und Islam finden. Beispielsweise sprachen Meister Eckhart und Rumi vor vielen Jahrhunderten aus, was wir noch heute fühlen.

Der Mensch soll sich nicht genügen lassen einem gedachten Gott. Denn, wenn der Gedanke vergeht, vergeht auch der Gott. Man soll vielmehr einen wesenhaften Gott haben, der weit erhaben ist über die Gedanken der Menschen und aller Kreaturen. (Meister Eckhart)

Ich versuchte, ihn zu finden am Kreuz der Christen, aber er war nicht dort. Ich ging zu den Tempeln der Hindus und zu den alten Pagoden, aber ich konnte nirgendwo eine Spur von ihm finden. Ich suchte ihn in den Bergen und Tälern, aber weder in der Höhe noch in der Tiefe sah ich mich imstande, ihn zu finden. Ich ging zur Kaaba in Mekka, aber dort war er auch nicht. Ich befragte die Gelehrten und Philosophen, aber er war jenseits ihres Verstehens. Ich prüfte mein Herz, und dort verweilte er, als ich ihn sah. Er ist nirgends sonst zu finden. (Dschelal ed-Din Rumi)

Trotz dieser tiefen Erkenntnisse einzelner Religionsvertreter, haben viele Menschen das Vertrauen in die Religionen verloren, empfinden sie heute als verkrustet und fühlen sich dort nicht mehr wirklich gut aufgehoben. Oftmals gewinnen wir den Eindruck, dass sie sich in leeren Ritualen erschöpfen, deren Sinn sich uns nicht erschließt. Stereotype Wiederholungen einstudierter Sprüche können uns nicht die spirituelle Tiefe vermitteln, nach der wir uns sehnen. Ja, wir mögen sogar zu der Auffassung gelangen, dass Institutionen, die diese Religionen vertreten, und die Mächtigen der religiösen Systeme sich nicht wirklich von ihren weltlichen Analogfiguren in Politik und Wirtschaft unterscheiden. Dass auch sie in erster Linie Machtinteressen verfolgen und sich von den ursprünglichen Lehren der Religionsstifter weit entfernt haben. Ihre Ziele scheinen nicht immer dem Wohl des Menschen als Individuum und der Menschheit als Ganzes zu dienen. Sie werden unglaubwürdig und heuchlerisch, wenn sie nach außen andere Dinge verkünden, als sie selbst hinter den Kulissen bereit sind, zu tun.

Wenn wir so denken und empfinden, sind wir auf der Suche nach einer anderen Ausrichtung. Dann wünschen wir uns, zu spirituellen Erfahrungen und Einsichten zu gelangen, die aus uns selbst heraus geschehen. Es mag sein, dass wir das auch ganz allein erreichen können, doch hat es sich häufig als hilfreich erwiesen, sich Unterstützung in Literatur und von spirituellen Begleitern zu holen, die diesen Weg bereits gegangen sind und von deren Erfahrungen wir profitieren können. Heute steht uns eine Fülle von Angeboten zur Verfügung, bereit, den Suchenden Heimat zu gewähren. Theoretische Beschäftigung und Erkenntnis des Intellekts allein können uns nicht wirklich Erfüllung vermitteln. Unsere Seele muss erfahren, was viele weise Männer und Frauen in ihren Sprüchen und Büchern ausgedrückt haben. Wenn wir es lesen, bekommen wir vielleicht eine Ahnung, doch die Erfahrung ist unverzichtbar, und nur sie bleibt über unseren physischen Tod hinaus in Erinnerung.

Selbstverständlich gilt es, auch bei der enormen Zahl von unterstützenden Angeboten zu unterscheiden und die Spreu vom Weizen zu trennen. Nicht alles, was sich auf dem Markt tummelt, ist seriös oder hilfreich. Auch gibt es gefährliche esoterische Strömungen, die in eine falsche Richtung weisen und uns mehr von uns selbst entfernen als uns zur Selbsterkenntnis zu führen. Es gibt sektenähnliche Vereinigungen, die Suchende einer regelrechten Gehirnwäsche unterziehen, an deren Ende die Betroffenen wie gefühllose Maschinen agieren. Hier wird ein neuer Nihilismus/Atheismus gelehrt, der mit einem freien Willen nicht das Geringste zu tun hat, sondern im Gegenteil mit Methoden der Unterdrückung desselben arbeitet. Und damit ist auch schon ein entscheidendes Kriterium benannt, das uns einen Anhaltspunkt für die Wahrhaftigkeit und Glaubwürdigkeit eines Angebots gibt: Das Respektieren des freien Willens. Auch sollten wir einen kurzen Check vornehmen, ob das Angebot, für das wir uns interessieren, im Einklang mit den sieben kosmischen Prinzipien steht (s. Seite 16). Bei sektenähnlichen Gemeinschaften, die bedingungslos einem bestimmten Menschen, der sich für erleuchtet hält, nachfolgen, ist immer Vorsicht geboten. Heute brauchen wir keinen Guru mehr. Wir benötigen vielmehr Menschen, die uns auf unserem Weg als Leuchttürme dienen und uns sicher auf unseren ganz eigenen Weg geleiten.

Hält unsere Prüfung den genannten Kriterien stand, können wir in der Vielfalt der Angebote diverse Möglichkeiten finden, die uns auf unserem Weg unterstützen können. Jedes Individuum fühlt sich durch unterschiedliche Herangehensweisen angezogen, und so sollten wir auf unser Gefühl und unsere Intuition vertrauen, um aus dem bunten Strauß der grundsätzlich als seriös eingestuften Methoden diejenige(n) auszuwählen, die unseren Bedürfnissen am ehesten entspricht bzw. entsprechen. Einige heute gängige Wege, dem eigenen Selbst näher zu kommen, möchte ich an dieser Stelle kurz skizzieren.

Astrologie

Wie an dem Tag,
der dich der Welt verliehen,
die Sonne stand zum Gruße der Planeten,
bist du alsbald und fort und fort gediehen,
nach dem Gesetz, wonach du angetreten.
So musst du sein.
Dir kannst du nicht entfliehen.
So sagten schon Sybillen, so Propheten.
Und keine Zeit und keine Macht zerstückelt.
Geprägte Form, die lebend sich entwickelt.

(Johann Wolfgang von Goethe)

Seit uralter Zeit schauen wir Menschen fasziniert in den Himmel. In einer sternklaren Nacht erleben wir die Großartigkeit des Universums, sind davon überwältigt und versuchen unsere eigene Position in diesem ewigen Raum zu definieren.

Historisch belegt ist, dass die Sumerer und Babylonier vor etwa 4.500 Jahren bereits besondere Himmelserscheinungen wie Sonnen- und Mondfinsternisse sowie zyklische Abläufe beobachteten. Sie erkannten Sternbilder und erschufen den vollständigen Tierkreis. Auch in China und Ägypten erkannte man Phasen und Zyklen am Himmelszelt und fügte das wichtige Element der Zeitqualität hinzu. Im antiken Griechenland wurde das System der Babylonier weiterentwickelt, zum Beispiel in Gestalt der für das Häusersystem wichtigen sphärischen Vorstellung vom Kosmos. Die Griechen benannten die sieben klassischen Planeten unseres Sonnensystems mit den Götternamen des Olymps. Damit wiesen sie ihnen gleichzeitig Eigenschaften und Aspekte zu. Astronomie und Astrologie waren in dieser Zeit nicht getrennt voneinander. Im Römischen Reich entwickelte sich dann die Individualastrologie, die zu einer Verflachung der ursprünglichen Wissenschaft führte. Im Mittelalter erblühte vor allem die arabische Astrologie. Die Metropolen Bagdad und Kairo fungierten im 9. und 10. Jahrhundert als Zentren der Wissenschaft und im damals moslemischen Spanien hielt sich die maurische Hochkultur mit der Astrologie als eine ihrer wichtigsten Wissenschaften bis ins 15. Jahrhundert hinein.

In der Renaissance erlebte die Astrologie eine neue Blütezeit. Johannes Kepler und Tycho Brahe leisteten Herausragendes für die Wissenschaft und der berühmte Arzt Paracelsus brachte den Zusammenhang zwischen der Medizin und der Astrologie folgendermaßen zum Ausdruck:

> *Wer will denn ein Arzt sein, der den äußeren Himmel nicht kennt? Aus dem äußeren Himmel muss der Arzt den inneren einsehen, um daraus für seinen Kranken zu bilden das innere Firmament.*

Bis ins 17. Jahrhundert hinein hielten sich gekrönte Häupter Hofastrologen und brachten der Wissenschaft damit besondere Wertschätzung entgegen. Diese Epoche endete in der Zeit der Aufklärung. In dieser Zeit wurde die Astrologie von der Astronomie getrennt. Man glaubte, den Kosmos ausschließlich physikalisch erklären zu können. Zudem brachte die Entdeckung des Uranus im Jahr 1781 das bis zu diesem Zeitpunkt auf sieben Planeten aufbauende System gründlich durcheinander. Erst im 20. Jahrhundert wurden die naturwissenschaftlichen Forschungsergebnisse in die Astrologie integriert. Auch entstanden Schnittstellen zur Tiefenpsychologie von Carl Gustav Jung.

Heute gehen wir davon aus, dass es im großen weiten Universum keinen Zufall gibt. So bietet auch die Stellung der Gestirne zum Zeitpunkt unserer Geburt als Analogiesystem Hinweise auf den Verlauf unseres weiteren Lebens. Wir glauben nicht an das, was uns in den Kolumnen der Tageszeitungen auf triviale Weise vermittelt wird, jedoch sind wir überzeugt, dass unser Lebenshoroskop unsere grundsätzliche Lebensausrichtung, unseren Charakter und unsere Gaben und Talente widerspiegelt. Gewisse Konstellationen der Planeten und der Sonne zeigen für bestimmte Vorhaben günstige oder weniger günstige Zeiträume. Viele von uns spüren den unmittelbaren Einfluss des Mondes auf ihre Stimmungen. Bei Vollmond schlafen viele Menschen schlechter, Statistiken weisen eindeutig auf eine Zunahme von Unfällen und Gewaltverbrechen hin. Bauern und Winzer wissen um den Zusammenhang von Mondphasen und den Vorgängen in der Natur. Sie säen, pflanzen und ernten häufig dann, wenn unser Trabant diese Vorgänge begünstigt. Wir wissen, dass die Gezeiten unserer Meere mit der Anziehungskraft des Mondes zusammenhängen. Sonne und Mond halten uns unser Eingebundensein innerhalb des Kosmos besonders deutlich vor Augen. Der Einfluss anderer Himmelskörper liegt nicht immer so klar auf der Hand. Doch er ist vorhanden, dessen können wir gewiss sein.

Wie wir diese Erkenntnis in unserem Leben nutzen, ist allein unsere Angelegenheit. Wir können die Stellung der Planeten ganz einfach ignorieren, wir können gelegentlich zum Beispiel vor wichtigen Entscheidungen einen erfahrenen Astrologen befragen oder uns intensiv mit astrologischen Phänomen und ihren Auswirkungen auf unsere Existenz beschäftigen und sie zum Leitfaden unseres Lebens küren.

Meditation

Meditation ist eine spirituelle Praxis, die in den meisten traditionellen Religionen einen festen Platz einnimmt. Auch ohne religiösen Hintergrund können wir diese Übung zur Vertiefung unserer Konzentration, zur Unterstützung unseres Wohlbefindens und zur Stärkung unserer Gesundheit einsetzen.

In der christlichen Mystik diente die Meditation vor allem der Sammlung des Geistes und der Beruhigung von Verstand und Denken. Dies wurde und wird als Voraussetzung verstanden, um in geistige Räume von Stille, Frieden und Eissein vorzudringen. Dort können wir die Erfahrung des Göttlichen erleben und zum ewigen Urgrund vorstoßen. Bezeichnenderweise gerieten Schriften von Mystikern im 15. und 16. Jahrhundert in den Verdacht der Häresie und wurden von der Inquisition verboten. Ihre Vertreter mussten mit Verfolgung und Gefangennahme rechnen. Auch einige Schriften der Theresa von Avila, die später selig- und heiliggesprochen und zur Schutzpatronin Spaniens ernannt wurde, fielen diesem Verfolgungswahn der Inquisition zum Opfer.

Suche Gott in dir selbst

Seele, suche dich in mir,
Such' mich nirgends als in dir!

1. Meines Geistes Liebe schuf,
Seele, dich nach meinem Bilde;
Keines Malers beste Kunst,
Größte Liebe, höchstes Sinnen
Brächt' dies Bild so hehr zusammen.

2. Liebe rief ins Dasein dich;
Bist geschmückt mit Reiz und Schönheit,
Die mich selber ganz entzückt.
Sollst, Geliebte, dich verlieren,
Such' dich nirgends als in mir!

3. Dort wirst finden klar und treu
Dich als Abbild meines Wesens,

Lebenswahr dir eingeprägt;
Und mit seligstem Frohlocken
Schaust in mir dein hehres Bild.

4. Weißt du nicht, wo ein und aus,
Wo mag der Geliebte weilen?
Irre nicht nach dort, nach hier!
Wenn du ehrlich mich begehrst,
Such mich nirgends als in dir!

5. Denn du bist mein Brautgemach,
Bist mein Haus und meine Kammer,
Dran ich klopf' zu jeder Stund',
Wenn in deinem Sinnen, Denken
Ich die Tür verschlossen find'.

6. Such mich nicht in weiter Ferne,
Da ich dir doch allzeit nahe!
Mir genügt dein Sehnsuchtsruf.
Und schon hast du mich gefunden.
Such mich nirgends als in dir! (Teresa von Avila)

In den östlichen Weisheitslehren von Hinduismus und Buddhismus spielt die Meditation, ähnlich dem Gebet im Christentum, eine besonders herausragende Rolle. Sie bezeichnet einen Zustand der Versenkung, der teilweise durch körperliche Übungen unterstützt wird. Bestimmte Handstellungen, Sutras, stehen in Verbindung mit körperlichen Empfindungen. Der Umgang mit dem Atem spielt im Pranayama eine bedeutsame Rolle, Traditionen die aus dem indischen Yoga kommen. Indem wir unserer Körperempfindungen gewahr werden, erreichen wir bestimmte Bewusstseinszustände. Das heutige chinesische Chan und das japanische Zen lassen sich auf verschiedene Zustände der Versenkung zurückführen, die als Jhana beschrieben werden. Nach den östlichen Traditionen versuchen wir durch intensive, regelmäßige Meditationsübungen dem höchsten Ziel, dem Erreichen von Erleuchtung und Nirwana näherzukommen.

Es gibt zahlreiche verschiedene Meditationstechniken wie zum Beispiel Stille-, Achtsamkeits-, Konzentrations-, Bewegungs- und transzendentale Meditation. Gerade Letztere erfährt seit der Mitte des zwanzigsten Jahrhunderts auch in westlichen Ländern immer größere Beachtung und Verbreitung. Sie ist mit allen weltanschaulichen und religiösen Auffassungen vereinbar und verbindet die Zustände von tiefer Stille und höchster Wachheit. Zweimal täglich 15 bis 20 Minuten Praxis reichen aus, um schließlich dauerhaft in einem meditativen Zustand von ruhevoller Wachheit zu verweilen. Im Idealfall mündet dieser Zustand in der Einheitserfahrung, dem Bewusstsein, mit Gott und der Welt eins zu sein.

Untersuchungen bei Mönchen mit langjähriger Meditationserfahrung haben gezeigt, dass meditative Zustände sich auch an den Frequenzen unseres Gehirns ablesen lassen. Das EEG zeigt den Zustand von entspannter Wachheit mit geschlossenen Augen normalerweise durch einen verstärkten Anteil an Alpha-Wellen an, die sich im Frequenzbereich zwischen 8 und 13 Hertz bewegen. Bei Mönchen mit langjähriger Meditationspraxis wurden über 30-fach erhöhte Amplituden gemessen, Gammawellen im Frequenzbereich über 30 Hertz. Neuere Forschungen zeigten das Auftreten des Gammabandes bei der sogenannten Top-Down-Regulierung und der Synchronisation von verschiedenen Hirnarealen zur Integration verschiedener Qualitäten eines Stimulus.

Der Nutzen meditativer Übungen leuchtet unmittelbar ein. Wir müssen dafür nicht unbedingt eine bestimmte Technik einstudieren oder uns im Lotossitz verknoten. Wem es hilft, der kann sich angewöhnen, seine Übungen zu einer bestimmten Tageszeit und an einem bestimmten Ort durchzuführen. Er kann sich dafür zum Beispiel einen Platz in seiner Wohnung reservieren, den er für diesen Zweck besonders herrichtet und nur dafür nutzt. Doch ist all dies nicht zwingend erforderlich. Entscheidend ist vielmehr, dass wir uns Zeit nehmen, zur Ruhe zu kommen, Zeit für uns selbst. Denn in dem oft hektischen Alltagstreiben vergessen wir oft in uns hineinzulauschen und zu erfahren, was unser Innerstes zu erzählen hat. Die regelmäßige meditative Übung kann uns daran erinnern.

Yoga

Yoga ist heute in der westlichen Welt sehr verbreitet. Es wird häufig in erster Linie als Möglichkeit zur körperlichen Übung verstanden. Volkshochschulen und Sportcenter bieten entsprechende Kurse an. Sie sprechen Menschen an, die etwas für ihr körperliches Wohlergehen innerhalb einer Gruppe tun möchten. Die ursprünglichen philosophischen Grundlagen treten dabei häufig in den Hintergrund oder werden mit im Westen verbreiteten esoterischen Auffassungen vermischt. Mitunter finden sie sich in rudimentärer Form wieder, indem Yoga-Kurse beispielsweise durch kurze Meditationen eingeleitet werden. In der Regel wird eine Atmosphäre von „Wellness“ geschaffen, die einen östlichen Anstrich bekommt. Buddhafiguren und Kerzen mögen dazu beitragen. Die eigentliche philosophische Lehre ist den Praktizierenden oft gar nicht gegenwärtig. Sie genießen einfach die Freude an der Bewegung und spüren, dass die Übungen Körper und Seele guttun.

Tatsächlich bedeutet Yoga im Sanskrit so viel wie „zusammenbinden, anspannen, anschirren", ein Hinweis darauf, dass es genau darum geht, den Körper an die Seele „anzuschirren", beide Teile unserer irdischen Existenz zusammenzubringen. Wenn dies über diese Schiene erreicht wird, mag es auch ohne die geistige Anbindung an die ursprünglichen Lehren legitim sein, die Übungen zu praktizieren. Für viele Menschen ist es einfacher, sich über den Körper ihrer Seele zu nähern als umgekehrt. Damit sind sie zwar noch nicht zum Seelen-Menschen geworden, doch es hat sich ein kleines Fensterchen aufgetan, und sie mögen eine Ahnung von den Zusammenhängen unseres Seins erfahren. Die Kehrseite der Medaille: Inzwischen ist daraus ein ganzer Wirtschaftszweig erwachsen. Praktizierende kaufen sich passende Outfits, schwelgen im Wellness-Wohlfühl-Dunstkreis von New Age, der mit entsprechenden Produkten unterstützt werden kann und aus Sicht der Herstellerfirmen auch soll. Das hat dann in der Tat recht wenig mit dem ursprünglichen Anliegen des Yoga zu tun, ja verflacht und verwässert es auf fragwürdige Weise.

In der indischen Philosophie entspricht Yoga einer der sechs klassischen Schulen. Die körperlichen Übungen des Yoga hatten ursprünglich das Hauptziel, längere Zeit beschwerdefrei im Lotossitz zu verweilen, um der spirituellen Praxis, sprich der Meditation zu folgen. Erst später erkannte man deren darüber hinausgehenden Wert. Es gibt verschiedene Ausrichtungen des Yoga, die teilweise das Hauptgewicht auf Atem- und sonstige körperliche Übungen, teilweise auf Askese oder die theoretischen Hintergründe legen. Die philosophischen Grundlagen finden wir bereits in den 700 vor unserer Zeitrechnung entstandenen Upanishaden und in der Bhagavad Gita. Im Unterschied zu der heute üblichen Yoga-Praxis (s. o.) heißt es dort in Vers 10:

> *Der Yogi soll beständig sich mühen in der Einsamkeit – Allein, bezähmend Sinn und Selbst, nichts hoffend, ohne Besitz.*

Ein Grundlagenwerk stellt auch das von Patanjali zusammen gefasste Yogasutra dar. Das Werk besteht aus 194 Merksprüchen, den sogenannten Sutras.

Die klassischen indischen Schriften beschreiben vier Yogawege:

- **Raja Yoga** nennen sich die meditativ orientierten Stufen des achtgliedrigen Yoga nach Patanjali (auch Ashtanga Yoga genannt: „Ashta“ = acht, „Anga“ = Teile).
- **Jnana Yoga** (Yoga der Erkenntnis, intellektuelle Richtung)
- **Karma-Yoga** (Yoga der Tat, des selbstlosen Handelns)
- **Bhakti Yoga** (Yoga der Liebe/Verehrung/Hingabe an Gott oder eine Ishtadevata)

Heilige Geometrie und Numerologie

Die Zahl ist das Wesen aller Dinge (Pythagoras)

Die Mathematik ist das Alphabet, mit dem Gott die Welt geschrieben hat. (Galileo Galilei)

Zahlen haben im täglichen Leben einen praktischen Nutzen. Wir verwenden sie für Mengenangaben, messen mit ihrer Hilfe Längen, Höhen, Gewichte und Zeitabläufe. Das ist eine sinnvolle menschliche Vereinbarung, gibt uns Orientierung und hilft uns dabei, Verabredungen treffen und einhalten zu können.

Schon früh setzten unsere Vorfahren Zahlen und Maße ins Verhältnis zu kosmischen Zyklen, und sie erkannten Gesetzmäßigkeiten auch auf unserer Erde. Beispiele dafür sind die Maße des goldenen Schnitts und die Fibonacci-Frequenz. In Spiralmuscheln, Galaxien, Pflanzenteilen und in unserem eigenen Körper entdecken wir immer und immer wieder dieselben Größenverhältnisse. Die Formen in der Natur und in der Kunst und Architektur haben vieles gemeinsam. Sie wurden nach diesen Gesetzmäßigkeiten erschaffen, die eine tiefe Schönheit in sich tragen. Wenn wir uns mit heiliger Geometrie beschäftigen, staunen wir über den Zusammenhang von Größenverhältnissen und ihrer Wirkung auf uns. In großen Bauwerken wie dem Salomon-Tempel in Jerusalem, der großen Pyramide von Gizeh und der Kathedrale von Chartres wurden diese Maße von Menschenhand angewendet und umgesetzt. Die Menschen dieser Zeitalter griffen die Gesetze der Heiligen Geometrie auf und schufen Denkmäler von überwältigender Schönheit. Es ist die Art von Schönheit, die uns auf einer tiefen Ebene unseres Seins berührt, unabhängig davon, ob wir etwas über die Berechnungsmodelle dieser Dinge wissen oder nicht. Sie strahlen vollkommene Harmonie aus, die uns in unserem Innersten anspricht und die nicht von dieser Welt, sondern absolut zeitlos und ewig gültig ist.

Ein Beispiel für die verborgene Ordnung stellen die Zusammenhänge der Maße innerhalb unseres Sonnensystems dar.

Bei der Zahl 127 (dazu oben S. 68) wurde erkannt, dass sie aus der siebenfachen Verdopplung der „1", des Einen, gebildet wird. Interessanterweise beträgt der Poldurchmesser (die Entfernung zwischen Nord- und Südpol) 12.712,7 km. Hier zeigt sich eine Verdopplung der ursprünglichen Zahl 127. In amerikanischen Fuß bzw. Zoll gemessen, ergeben sich für den Poldurchmesser der Erde 500.500.000. Tatsächlich enthält auch diese Zahl eine Doppelung, nämlich die der 500.

500.500.000 Zoll = 12.712,7 km
(2 x 500)   (2 x 127)

Interessant ist auch, wie der Poldurchmesser der Erde und derjenige der Sonne zahlenmäßig im Verhältnis zueinander stehen. Bei keinem anderen Planeten unseres Sonnensystems ergibt sich eine derartige Korrelation. Der Poldurchmesser in Zoll der Erde beträgt 500.500.000, derjenige der Sonne 550.550.000.000.

Als Numerologie bezeichnen wir die Zuordnung von Zahlen zu bestimmten Inhalten. Zahlen werden dabei nicht nur zur mathematischen Berechnung verwendet, sondern erhalten eine spezifische inhaltliche Bedeutung. Natürlich geschieht dies nicht willkürlich, sondern ergibt sich aus kosmischen und irdischen Gesetzmäßigkeiten. Bezogen auf die großen Zusammenhänge des Universums und des Lebens wurden erstaunliche Zusammenhänge erkannt.

Im Hebräischen, der ursprünglichen Sprache des Alten Testaments der Bibel und ihres jüdischen Kernstücks, der Thora, entspricht jeder Buchstabe einem Zahlenwert (s. Tabelle). So hat jeder Text unterschiedliche Bedeutungsebenen. Neben der relativen, von Menschen geschaffenen Bedeutung auch die absolute, diejenige, die der ewigen Wahrheit entspricht, diejenige, die von einer höheren nicht menschlichen Ebene kommt. Auf diese Tatsache weisen uns die jeweils doppelten Zahlenwerte eindrucksvoll hin. Wenn wir den Beginn der Bibel in Genesis 1,1 betrachten, bekommen wir weitere Hinweise auf die doppelte Sinnhaftigkeit der Worte:

> *Am Anfang (Beim Beginn) schuf Gott die Himmel und die Erde*
> =
> *Bereschit bara elohim et ha schamajim we et ha eretz.*

Die beiden ersten Wörter beginnen mit dem Buchstaben bet, dem der Zahlenwert 2 zugeordnet ist. Und das begegnet uns ausgerechnet ganz

Hebräisch-Griechisch-Deutsches Zahlen-Alphabet

Name	Laut	Zahlenwert	Name	Laut	Zahlenwert	Zeichen	Zahlenwert
Aleph	A/E/I/O	1	Alpha	A	1	A	1
Bet	B(V)	2	Beta	B	2	B	2
Gimel	G,	3	Gamma	G	3	C	3
Dalet	D	4	Delta	D	4	D	4
He	H	5	Epsilon	E	5	E	5
Waw	W(O/U)	6	Digamma	F	6	F	6
Szajin	Sz	7	Zeta	Z	7	G	7
Chet	Ch	8	Eta	Ä	8	H	8
Thet	Th	9	Theta	Th	9	I	9
Jod	I(J)	10	Jota	I(J)	10	J	10
Kaph	K(Kh)	20	Kappa	K	20	K	20
Lamed	L	30	Lambda	L	30	L	30
Mem	M	40	My	M	40	M	40
Nun	N	50	Ny	N	50	N	50
Ssamech	Ss	60	Xi	X	60	O	60
Ajin	(A/E/I/O)	70	Omikron	O	70	P	70
Peh	P(Ph)	80	Pi	P	80	Q	80
Zade	Z	90	Episemonbau			R	90
Qoph	Q	100	Rho	R	100	S	100
Resch	R	200	Sigma	S	200	T	200
Schin	Sch/S	300	Tau	T	300	U	300
Taw	T	400	Ypsilon	Y(U)	400	V	400
			Phi	Ph(F)	500	W	500
			Chi	Ch	600	X	600
			Psi	Ps	700	Y	700
			Omega	Oo	800	Z	800

am Anfang der Genesis, in 1.1, dort, wo wir eigentlich eher Worte mit Aleph beginnend vermutet hätten.

Die Numerologie kann uns also Unterstützung liefern, für welche Wahrheit wir uns entscheiden sollen. Die vom ErdenMenschen geschaffene ist der Dualität unterworfen, somit der Bewertung, den Maßstäben, an denen wir sie messen. Was früher einmal galt, muss heute nicht mehr gelten. Die relativen Dinge ändern sich. Die ewige Wahrheit jedoch ist absolut, unabhängig von Zeit und Raum. Für sie entscheiden wir uns als SeelenMensch.

> *Verachtet nie die Worte aus dem Geist Gottes:*
> *Prüfet alles und das Gute behaltet!*
> *Und von jeder Art des Bösen haltet euch fern.* (1. Tess 5,20-22)

In der Numerologie dienen Zahlen auch auf persönlicher Ebene als Ausdruck von bestimmten Entwicklungsstufen und Wesenseigenschaften in unserem Inneren. Wir können unser Geburtsdatum, unseren Namen und jeden anderen Text in Zahlen umwandeln und schauen, was uns diese zu erzählen haben. Längst haben wir erkannt, dass es dabei keine Zufälle gibt, und wir können unsere Hausnummer oder das Zugabteil, in dem wir einen Platz reserviert haben, als Hinweis auffassen für Aspekte in unserem Leben. Jede Zahl hat dabei ein bestimmtes Wesen.

Über diese hier nur kurz angedeuteten Zusammenhänge können wir nur staunen. Einerseits ist der Zugang zum Wesen der Dinge über die Numerologie männlich geprägt. Es gibt viel zu berechnen, nachzudenken und zu überlegen, Fähigkeiten, die in erster Linie unseren Intellekt ansprechen und von diesem zu leisten sind. Doch wie wir das System für unser Leben nutzen, wie wir die Bedeutung der Zahlen erspüren, wie wir auf einer inneren Ebene erfahren, was eine Zahl uns wirklich mitzuteilen hat, dazu nutzen wir auch und vor allem unsere weiblichen Wesensanteile.

Symbolkunde und Tarot

Anders als Zahlen berühren uns Symbole unmittelbar auf Seelenebene. Wir müssen ihre offizielle Bedeutung nicht kennen, um uns auf einer tiefen Seinsebene von ihnen ansprechen zu lassen. Symbole sind Zeichen, die als Bedeutungsträger und Sinnbild für etwas benutzt werden, Zeichen von absoluter Gültigkeit. Intuitiv verstehen wir, was sie uns sagen wollen. Ein Meister der neuzeitlichen Symbolkunde war Carl Gustav Jung. Er war Schüler von Siegmund Freud und heilte insbesondere viele psychosomatische Erkrankungen mit kosmischen Symbolen. Sie sind die Grundlagen der Jungschen Psychotherapie. Seine Auffassung über Symbole hat er immer wieder an verschiedenen Stellen seines Werkes zum Ausdruck gebracht:

> *Kosmische Symbole sind die Grundlagen des Menschseins.*
>
> *Überpersönliche Symbole sind Schlüssel zu Größerem, als dem Symbol selbst und der Person, die es verwendet.*
>
> *Symbole deuten immer auf etwas Rätselhaftes, Mystisches hin. Sie haben immer einen Bedeutungsüberschuss.*
>
> *Universelle Symbole machen uns wieder ‚heil' und ‚ganz' und heilen unsere entfremdete Beziehung zum Leben.*
>
> *Überpersönliche Symbole bringen uns in Kontakt mit unserer archetypischen Seele, mit unserm kollektiven Unterbewusstsein und damit mit dem Sinn unseres Lebens.*
>
> *Kosmische Symbole sind lebendige Wesenheiten. Sie sind ständig in Bewegung und haben eine bestimmte Anziehungskraft und Wirkung auf unsere Psyche, ob wir uns dessen bewusst sind oder nicht.*
>
> *Die Arbeit mit überpersönlichen Symbolen ist überlebensnotwendig für das Individuum und die Menschheit insgesamt.*

Darstellungen mit Symbolgehalt finden wir auch in der Kunst. An Bauwerken und Skulpturen erscheinen sie in Stein gemeißelt, auf Bildern verhelfen sie uns zum Verständnis dessen, was der Maler zum Ausdruck bringen wollte und in die Sprache der Literatur eingebaut können sie veranschaulichen, was Worte nicht zu sagen vermögen. Dort treten sie in Form von Metaphern und Analogien auf. Überall dienen sie uns als Schlüssel zum Verständnis verborgener Wahrheiten.

Der Tarot ist ein uraltes Kartenspiel, das sich ebenfalls der Welt der Symbole bedient. Die Herkunft des Tarot ist umstritten. Teilweise wird vermutet, dass das Spiel schon im alten Atlantis seinen Ursprung hatte, andere terminieren es unter Hinweis auf seine Übereinstimmung mit dem Buch Toth ins alte Ägypten. Zum Beispiel gibt es ein spezielles Thoth Tarot-Kartendeck von Aleister Crowley, in dem Symbole des alten Ägypten aufgegriffen werden. Ähnlich wie seine östliche Entsprechung, das I-Ging oder Buch der Wandlungen, enthält es einen reichen Symbolschatz und erschließt uns so unsere inneren

Welten. Der Umgang mit den Karten kann uns Hinweise geben, wo wir uns gerade auf unserem Weg befinden und was uns für eine Fortentwicklung hilfreich sein könnte. Mittlerweile existieren viele Tarotdecks, die sich durch unterschiedliche Darstellungsweisen der enthaltenen Symbolik auszeichnen. Im Frankreich des 18. Jahrhunderts erlangte das Deck de Marseille weite Verbreitung, in neuerer Zeit treffen wir am häufigsten auf den Rider-Waite-Tarot.

Der Tarot besteht aus der großen Arkana mit 22 Karten und einer aus 4 x 14 = 56 Karten umfassenden kleinen Arkana. Während die große Arkana den Weg des Helden beschreibt, die tieferen Aspekte und Bewusstseinsstufen unserer Lebensreise, so weist uns die kleine Arkana auf Höhen und Tiefen unserer eher alltäglichen Lebenssituationen hin. Sie ist in vier Sätze mit je vier Hofkarten und zehn Nummernkarten gegliedert (Stäbe, Schwerter, Kelche und Münzen), zwei männlich und zwei weiblich orientierte Bilder. Nach dem dritten kosmischen Gesetz ist die äußere Welt ein Spiegel unseres Inneren. Gleiches zieht Gleiches an, und so ziehen wir auch genau die Karte/n, die uns Aufschluss über unsere Lebenssituation und das, was dahintersteckt, geben kann bzw. können. Wenn wir uns häufiger auf dieses Spiel einlassen, ist es keine Seltenheit, dass wir immer und immer wieder dieselben Bilder erwischen. Das geschieht solange, bis wir die Herausforderung, die sich in unserem Leben zeigt, gelöst haben. Natürlich existieren Bücher, in denen wir die Bedeutung der symbolträchtigen Bilder nachlesen können. Wirksamer ist es jedoch, diese erst einmal unvoreingenommen auf uns wirken zu lassen. So können wir die für uns bestimmten Hinweise eher entschlüsseln.

Channeling

Channeling ist ein seit den 80iger Jahren des zwanzigsten Jahrhunderts auch bei uns gebräuchlicher Begriff. Er kam zusammen mit der New-Age-Welle aus Amerika zu uns herübergeschwappt. Die Sache selbst ist jedoch nichts Neues. Gemeint ist das Empfangen und Weitergeben außersinnlicher Wahrnehmungen durch eine Person, die wir Medium nennen. Schon Moses fungierte als Medium, als er die von Gott empfangenen zehn Gebote weitergab, und Mohammed, als er mit Hilfe von Erzengel Gabriel den Islam begründete.

Mit „sinnlich“ meinen wir alles, was wir mit unseren fünf körperlichen Sinnen wahrnehmen, also Sehen, Hören, Fühlen, Riechen und Schmecken. Es ist nichts Außergewöhnliches, wenn wir darüber hinaus Energien spüren oder Botschaften aus anderen Ebenen empfangen. Wir sind umgeben von feinstofflichen Energien. Jeder Mensch besitzt diese Fähigkeit, denn wir alle sind viel mehr als unser Körper. Doch ist diese Gabe bei den meisten Menschen bisher nur rudimentär entwickelt und wartet noch im Verborgenen auf ihre Entdeckung. Je mehr wir uns zum SeelenMenschen entwickeln, um so eher bekommen wir Zugang zu diesen Ebenen. Nicht zuletzt begünstigt durch die heutige Zeitqualität nimmt die Zahl derjenigen stetig zu, die Botschaften von anderen Wesenheiten erhalten. Wir Menschen befinden uns in einem Evolutionsprozess, der unsere Ausrichtung verändert, der dafür sorgt, dass wir feinstofflicher und durchlässiger werden, höher schwingen als in der Vergangenheit. Diese Veränderung vollzieht sich seit vielen Jahren und wirkt sich bis in die zellulären Ebenen hinein aus. Sie beschleunigt sich immer mehr.

Die Wesenheiten, die viele von uns jetzt wahrnehmen können, können Verstorbene oder Engel sein, Meister oder Sternengeschwister, die aus anderen Ebenen zu uns sprechen. Manchmal nehmen sie gezielt zu bestimmten Personen Kontakt auf. Wenn diese Botschaften nicht nur diese Personen selbst betreffen, treten diese als Medien an die Öffentlichkeit heran. Sie können dann aufschreiben, was sie empfangen haben, es drucken und in Form eines Buches verlegen lassen. Andere Medien treten öffentlich auf und stellen in Anwesenheit eines Publikums den Kontakt zu bestimmten Wesenheiten her, um deren Botschaften zu vermitteln. Das kann gegenüber größeren Menschengruppen oder in Einzelsitzungen geschehen. Manchmal verstellen die Medien bei diesem Vorgang ihre Stimme, ganz so, wie es der entsprechenden Wesenheit entspricht.

Wie überall gibt es sicher auch hier „schwarze Schafe", selbsternannte Medien, die auf den Zug aufgesprungen sind und nicht wirklich etwas Nennenswertes zu vermelden haben. Doch es gibt auch viele wunderbare Erkenntnisse, die uns Menschen auf diese Weise vermitteln. Oft wird vermutet, dass die Erde von diversen außerirdischen Wesen interessiert beobachtet wird. Sie seien neugierig, wie die Menschheit, die jetzt an einer entscheidenden Wegkreuzung stehe, sich wohl entscheiden werde. Nicht alle dieser Wesen seien uns wohlgesonnen, doch viele versuchten mit all ihrer Kraft, an unserem Entwicklungsprozess mitzuwirken und uns darin zu unterstützen. Es stehe uns frei, diese Unterstützung entgegenzunehmen und die Informationen, die sie uns direkt oder über Medien zukommen lassen, für unser Leben zu nutzen.

Fazit

Ob eine oder mehrere dieser Methoden uns einmalig in einer schwierigen Lebenssituation unterstützen oder ob sie uns unser ganzes Leben lang begleiten, ist allein uns selbst überlassen. Im Laufe der Zeit werden wir ein immer besseres Gespür dafür entwickeln, was uns wann am meisten dienlich sein kann. Ich selbst habe viele der genannten Methoden auf meiner Reise kennengelernt und zeitweise für mich eingesetzt. Die Meditation habe ich in mein Leben integriert und nutze sie als tägliche Übung. Kartenlegen und Numerologie dienen mir häufig als Hilfsmittel, um mir Hinweise auf meinem Weg zu erschließen. Um dem Wesen dieser Methoden näherzukommen, habe ich zunächst Seminare besucht, die mich damit vertraut gemacht haben, und sie dann in mein Alltagsleben integriert. Heute gehören sie zu meinem täglichen Handwerkszeug, auf das ich gerne zurückgreife, einfach für mich selbst oder im Freundeskreis. Das reicht mir, und ich verspüre hierbei nicht den Ruf, sie zur Meisterschaft weiterzuentwickeln.

Mein Weg

Ich bin diesen Weg gegangen. Ich bin jenen Weg gegangen.
Dann bin ich meinen Weg gegangen. (Chinesische Weisheit)

Ganz anders verhält es sich mit zwei Methoden, die ich wirklich tiefgehend kennengelernt habe, und für die ich mich über die intensive Beschäftigung und Erfahrung zur Expertin entwickelt habe.

Begonnen habe ich meinen persönlichen spirituellen Weg mit Aura-Soma. Das Farb-System hat mich nachhaltig darin unterstützt, meine Bedürfnisse und Talente zu erkennen und die Bestimmung meiner Seele zu erspüren. Mit jeder Equilibrium-Flasche, die ich benutzte, kam ich diesem Ziel näher. Immer leichter und müheloser verlief mein Leben. Ich ließ das zuvor tief in mir verwurzelte Bedürfnis, alles aktiv selbst bestimmen und vorantreiben zu wollen, nach und nach los und überließ mich mehr und mehr dem Fluss des Lebens. Ich ließ zu, mich führen zu lassen, Fügungen und Synchronizitäten traten in mein Leben und gestalteten es müheloser und deutlich angenehmer als je zuvor. Die Begeisterung für die subtile Wirkungsweise der Energien ließ mich bald alle Ausbildungsstufen des Beraters absolvieren. Immer tiefer begann ich die Sprache der Farben zu erspüren. Ja, das Universum ist aus Farben gemacht!

Aura-Soma und NeuLand

Etwa drei Jahre nach meiner ersten Begegnung mit diesem Farb-System begegnete mir der NeuLand-Fernkurs. Ich war begeistert, darin genau das wiederzufinden, was ich durch Aura-Soma auf einer anderen Ebene schon erfahren hatte. Bald merkte ich, wie sehr auch dieser Kurs mich zur Wahrheit führte und sich mit Aura-Soma ergänzte und verzahnte. Mein Verständnis für das Farb-System vertiefte sich durch die Beschäftigung mit NeuLand immer weiter. Mit Hilfe einer von Aura-Soma abweichenden Herangehensweise werden in den Stufen eins und zwei des NeuLand-Kurses ähnliche Inhalte vermittelt bzw. Ziele verfolgt. Während wir die Aura-Soma-Substanzen vor allem über die fühlende Seite unseres Wesens erleben, wendet sich NeuLand besonders auch an unseren Intellekt. Hier nehmen wir eher die Rolle des Akteurs ein. Doch letztlich führen beide Wege zu einem Wachstum unseres Bewusstseins.

Zu Beginn der dritten Stufe wurde mir bewusst, dass der Fernkurs über Selbsterkenntnis und -akzeptanz weit hinausging. Er belässt es nicht dabei, sondern manifestiert unsere Vision aus der Zukunft heraus in unserer heutigen Gegenwart. Wir lernen, die vierte Dimension, die Dimension der Zeit für unsere Zwecke zu nutzen. Wir sind nicht mehr Spielball der von uns selbst erschaffenen linearen Zeitabläufe, sondern wir erleben die Zeit als neue Dimension, als einen Raum der Möglichkeiten. Wir selbst können dort hineinstellen, was wir möchten und mit Hilfe unserer inneren Helfer ist es bereits geschehen. Wir erinnern uns dann aus der Zukunft hinein in die Gegenwart, so wie wir es bisher gewohnt waren, von der Gegenwart aus auf die Vergangenheit zurückzublicken. Die frühere Sichtweise führte dazu, dass die Vergangenheit linear über die Gegenwart in die Zukunft hinein weitergeführt wurde. Damit ist es nun vorbei.

Aura-Soma hebt den Aspekt des Individuellen am Menschen besonders hervor. Jeder Mensch ist einzigartig und kann an Hand seiner eigenen Farben identifiziert werden. Seine ganz spezielle Mischung aus den drei Primärfarben Blau, Gelb und Rot (s. Seite 67 ist Ausdrucks seiner Seele, seines Wesens, seiner Persönlichkeit, seiner Gaben und Talente und seiner Potenziale. NeuLand repräsentiert den Aufbruch zu einem neuen Wir. Wie bei Aura-Soma bringt sich der Einzelne mit seinen individuellen Fähigkeiten, seinen Meriten, in das „Große Ganze“ ein. Er gestaltet es mit, indem er sich mit Gleichgesinnten zusammenfindet und so die Gesellschaft umgestaltet, ähnlich den Zellen, die den Körper der Raupe schließlich zum Schmetterling transformieren. Die beiden Herangehensweisen bilden für mich eine einzigartige

Symbiose: Wir erkennen durch Aura-Soma, wie wir gemeint sind, was wir besonders gut können und welche Bedürfnisse wir haben, um all das dann in NeuLand einbringen zu können. Vielfalt in der Einheit, das Ich und das Du im Wir, als wertvoller unverzichtbarer Teil desselben. So kann der Quantensprung gelingen.

Aura-Soma – Durch Schönheit, Farbe und Energie zum Licht der Erkenntnis

Aura-Soma bezeichnet ein ganzheitliches, selbstbestimmtes Farb-Pflege-System. Es richtet sich an den Menschen in seiner Ganzheit, an seine grob- und feinstofflichen Körper, an seine Seele und an seinen Geist. Selbstbestimmt wird es genannt, da wir selbst darüber entscheiden, welche Farbschwingung genau die richtige für uns ist, denn in unserem tiefsten Inneren wissen wir längst, wer wir wirklich sind. Durch Aura-Soma können wir diesem oft nicht so ohne weiteres zugänglichen Wissen wieder näher kommen. Vicky Wall drückte es so aus:

> *Du bist die Farben, die du wählst und diese reflektieren*
> *die Bedürfnisse deines inneren Wesens.*

Über die zu diesem Farbsystem gehörigen Produkte und ihre Anwendung wurden viele gute Bücher geschrieben, so dass ich in diesem Rahmen nicht näher darauf eingehen möchte. In unserem Zusammenhang ist mir die Botschaft wichtig, dass Aura-Soma ein wunderbares Instrument darstellt, uns an unsere Bestimmung als Menschen zu erinnern, sowohl im globalen als auch im ganz persönlichen Sinne.

Dieses Farb-Pflege-System erblickte im Jahr 1983 das Licht der Welt durch die Unterstützung von Vicky Wall, einer damals bereits erblindeten älteren Dame aus England. Sie war infolge einer Diabetes-Erkrankung von labiler Gesundheit und hatte zu diesem Zeitpunkt schon einige Nahtoderfahrungen hinter sich. Doch sie wurde von der Geistigen Welt immer wieder zurückgeholt, denn sie hatte ihre Lebensaufgabe noch nicht erfüllt. In ihren Meditationen, die sie regelmäßig durchführte, empfing sie wiederholt die Botschaft: *„Teile die Wasser!"* Damit konnte sie zunächst nichts anfangen und versuchte diese Botschaft zu ignorieren. Doch sie wurde immer drängender und mündete schließlich in dem Vorgang, der zur Geburt der ersten Aura-Soma-Körperöle führte. Sie selbst beschrieb dieses Ereignis wie folgt: *„Ich stand auf, ging in mein Labor und fremde Hände führten die meinen."*

Vicky Wall war Zeit ihres Lebens eine achtsame Person gewesen, die sich ihres göttlichen Ursprungs immer bewusst gewesen war. In ihrem Leben hatte sie die Signaturenlehre der Pflanzen kennengelernt und als Apothekerin und Fußpflegerin gearbeitet. Sie trug das angelernte Wissen und die innere Weisheit über das Wesen der Dinge und des Lebens in sich, als sie auserwählt wurde, dieses wunderbare Farbsystem zu entdecken. Man kann nicht sagen, zu erfinden, denn es basiert auf uraltem Wissen. Schon im alten Ägypten und vielleicht noch viel früher wurde mittels Farbschwingungen geheilt, und Vicky war sich dieser Tatsache bewusst.

Als die ersten Flaschen entstanden, konnte sie die Farben aufgrund ihrer Erblindung nicht mehr mit ihren physischen Augen sehen, doch sie war seit ihrer Geburt hellsichtig und setzte andere Wahrnehmungsorgane für die Erstellung der Produkte ein. Sie nahm die Farben der menschlichen Aura wahr und erspürte die Schwingungen der Farben, Mineralien und Pflanzen, mit denen die Anwender in Resonanz gingen. Vicky Wall verbrachte ihr restliches Leben damit, das System zu erweitern und zu verbreiten. Durch eine glückliche Fügung fand sie in Mike Booth bald einen würdigen Nachfolger, den sie sieben Jahre lang anleitete. Mike hatte ähnliche Nahtoderlebnisse hinter sich und war in jeglicher Hinsicht geeignet, das System in Vickys Sinne fortzuführen und weiter wachsen zu lassen.

Zusammen mit seiner Frau Claudia führt er die Geschäfte bis zum heutigen Tag. Inzwischen ist Dev Aura zu einer Weltfirma geworden. Die pflanzlichen Inhaltsstoffe werden zum großen Teil auf nach Demeter bewirtschafteten Ländereien angebaut. Dies geschieht auf der Shire Farm, einer der größten Farmen Englands. Man kann sie besichtigen und dabei den wunderbaren Chakraweg entlanggehen. Die Abläufe bei der Produktion sind zwar inzwischen teilweise automatisiert, doch sie verlaufen immer noch ausgesprochen achtsam. Während des Energetisierungsprozesses der Produkte wird unter anderem eine Maschine eingesetzt, die wie eine liegende Acht geformt ist. Hierin werden die Substanzen acht Minuten lang behutsam geschwenkt, ehe sie in Glasflaschen abgefüllt werden. Überhaupt spielt die Zahl Acht eine bedeutsame Rolle bei Aura-Soma. Numerologisch ergibt sich aus dem Namen Aura-Soma die Acht, und die Acht entspricht in ihrer liegenden Form der Lemniskate, dem Unendlichkeitssymbol.

Auch die Herkunft des Namens Aura-Soma weist uns darauf hin, dass wir Menschen ewige Lichtwesen sind. Aura bedeutet „Licht“ (Farbe als gebrochenes Licht und das Licht der Erkenntnis). Soma bedeutet im Aramäischen „Wesen“, also „Licht-Wesen“. Gemeint damit sind wir Menschen, und gemeint sind gleichzeitig die kleinen farbigen Glasfläschchen mit den Equilibirium-Körperölen. Auch das sind Licht-Wesen, bestehend aus den lebendigen Energien von Farbe, Mineralien und Pflanzen. Im Altgriechischen bedeutet Soma „Körper“. Hier werden wir auf die Wirkung der Aura-Soma-Substanzen hingewiesen. Sie stärken unseren Lichtkörper, unsere feinstofflichen Körper, unsere Aura. Und diese Funktion ist nicht zuletzt in unserer Zeit von ganz besonderer Bedeutung.

Viele reden davon, dass sich die Erde und mit ihr ihre Bewohner zurzeit in einem Aufstiegsprozess befinde, dass es im Jahre 2012 eine Zeitenwende gegeben habe und wir nun in eine höhere Dimension gelangen würden. Tatsache ist, dass sich unsere Schwingungsfrequenz in den letzten Jahren und Jahrzehnten erheblich erhöht hat, von ursprünglich 7,9 auf nunmehr über 20 Hertz. Diese Tatsache stellt eine enorme Belastung für unser gesamtes System dar. Es ist nicht auszuschließen, dass einige der heute so verbreiteten Krankheiten wie Burn-Out, Depressionen, Essstörungen und Suchterkrankungen auch damit zusammenhängen, dass unser Organismus dieser Herausforderung nicht immer problemlos gewachsen ist. Vicky Wall schien die Zeichen der Zeit erkannt zu haben, denn sie warnte schon damals in den 80iger Jahren des zwanzigsten Jahrhunderts: „Prepare, prepare, prepare!“, bereite dich vor!

Aura-Soma und die kosmischen Gesetze

Das Aura-Soma-Farb-Pflege-System befindet sich im Einklang und in Harmonie mit den oben beschriebenen kosmischen Gesetzen (s. Seiten 16 ff.).

Einige Produkte des Systems, wie die Pomander und Quintessenzen wirken über die feinstofflichen Ebenen hin zum Grobstofflichen, dem physischen Körper. Damit entsprechen sie dem Grundsatz, dass Geist über die Materie herrscht, das Feinstoffliche auf das Grobstoffliche einwirkt. Auch die Körperöle beeinflussen trotz ihres Namens und der Art ihrer Anwendung keineswegs nur den physischen Körper. Sie beziehen die emotionale, die mentale und die spirituelle Ebene ebenfalls mit ein. Die Inhaltsstoffe der Produkte sind die Energien von Farben, Pflanzen und Mineralien, also allesamt Schwingungen und somit feinstofflich.

Das Prinzip von Ursache und Wirkung wird bei der Interpretation der Equilibrium-Öle berücksichtigt. In unserem heutigen Leben zeigen sich die Folgen unserer früheren Gedanken, Worte und Taten. Aura-Soma kann uns darin unterstützen, dies zu erkennen und aus den ewigen Karmaketten auszusteigen. Wir müssen uns nicht unbegrenzt als Täter oder Opfer zur Verfügung stellen. Mit Hilfe der Energien von Aura-Soma können wir erahnen oder erfühlen, was hinter den Ereignissen unserer äußeren Welt steht und wir können es zu unseren Gunsten ändern. Wir müssen z. B. die Verletzungen, die wir in diesem oder in früheren Leben erlitten haben, nicht nochmals durchleben oder sie gar rächen wollen. Wir können uns vielmehr mit uns selbst und anderen versöhnen und damit dem ewigen Gesetz von Ursache und Wirkung die Angriffsfläche entziehen. Dabei können uns die Energien von Aura-Soma nachhaltig unterstützen.

Die Welt, wie wir sie im Außen erleben, entspricht der Welt in unserem Inneren. Wenn in uns etwas aus dem Gleichgewicht geraten ist, spiegelt sich dies unmittelbar im Äußeren wider. Jedes Problem in Partnerschaft, Beruf oder unserer Gesundheit ist ein Ausdruck unserer Inneren Welten. Wenn wir unser Leben verändern wollen, müssen wir also bei uns selbst beginnen.

Hast du vor, dich zu erneuern, tue es jeden Tag. (Tao King)

Aura-Soma kann uns auf die richtige Fährte bringen, was in unserem Inneren aus der Balance geraten ist und uns dabei helfen, dieses Ungleichgewicht wieder auszugleichen. Wir wählen intuitiv die Farben aus, die wir für diesen Prozess benötigen. Eine Aura-Soma-Beratung kann uns zudem wertvolle Hinweise geben. Dies geschieht nicht in einer psychologischen Analyse, die ja wieder durch unsere Großhirnrinde, den Neocortex, dominiert wäre, sondern eher durch das Erspüren der im Verborgenen gärenden Themen, durch ein langsames Herantasten. Die Nutzung der Aura-Soma-Substanzen unterstützt diesen Prozess nachhaltig. Wenn das Gleichgewicht im Inneren wiederhergestellt ist, erleben wir auch unsere Umwelt ganz anders als zuvor. Wir betrachten sie mit anderen Augen und manchmal löst sich das, was wir zuvor als Problem erlebt haben, einfach in Wohlgefallen auf. Dieser Vorgang verläuft subtil und manchmal kaum spürbar. Es ist vergleichbar mit ungeliebten Zahnschmerzen, die wir unbedingt loswerden möchten. Wenn sie dann tatsächlich weg sind, nehmen wir es oft als selbstverständlich hin und bemerken es vielleicht nicht einmal.

Das Prinzip der Resonanz spielt bei der selbstbestimmten Farbwahl die entscheidende Rolle. Wir ziehen genau die Schwingungen an, die unserem inneren Wesen und seinen Bedürfnissen entsprechen. Jede Farbe hat innerhalb des Spektrums ihre eigene Schwingungsfrequenz.

Licht ist zunächst einmal farblose Energiestrahlung. Die Farbempfindung beim Betrachter kommt dadurch zustande, dass sich das Licht in unterschiedlichen Wellenlängen bricht. Diese nimmt ein gesundes Auge dann als Farbe wahr. Während Rot die kürzesten Wellen aufweist, weist Violett die längsten auf. Alle übrigen Farben, also Orange, Gelb, Grün und Blau und deren Mischungen, liegen innerhalb dieses Farbspektrums. Die Farbe Magenta liegt zwischen Violett und Rot und damit als einzige außerhalb des Spektrums. So kann sie von uns nicht wahrgenommen werden. Goethe nannte sie *„die ungesehene Farbe“*. Wir nehmen diese unterschiedlichen Wellenlängen nicht nur durch unser Sehorgan wahr, sondern auch die übrigen Zellen unseres physischen Körpers reagieren ebenso wie die Schichten unserer Aura auf die beschriebenen Schwingungen. Sie gehen mit ihnen in Resonanz.

Eng zusammen mit dem Gesagten hängt, dass wir durch die Erlangung von Selbsterkenntnis wieder zu Harmonie und Ausgleich gelangen. Die Farben, die wir gewählt haben, können dazu beitragen. Aus dieser Position heraus müssen wir uns gar nicht so sehr um alles sorgen, wie wir es manchmal tun und uns damit die Freude am Leben vergällen. Vieles, wonach wir bisher mühsam gestrebt haben, ergibt sich dann ganz von allein. Wenn wir das Leben frei fließen lassen, lösen sich Disharmonien auf und die Fülle des Lebens kann sich ungehindert entfalten.

Wenn das Aura-Soma-System uns schon länger begleitet, stellen wir oft fest, dass wir bestimmte Phasen durchlaufen, in denen es uns verstärkt zu einer oder mehreren bestimmten Farben hinzieht, ein Zeichen dafür, dass das Pendel gerade in eine bestimmte Richtung schwingt. Unterstützt durch die Energien von Aura-Soma können wir uns diesem Pendelschwung anvertrauen und mitschwingen. Dann schlägt das Pendel ganz selbstverständlich nach einer Weile wieder in die andere Richtung aus. Wenn wir gerade eine schwierige Phase in unserem Leben durchleiden, so können wir sicher sein, dass wir auch bald wieder bessere Tage erleben werden. So will es das Prinzip des Rhythmus und der Schwingung.

Aura-Soma greift das Prinzip der Polarität und der Geschlechtlichkeit auf, indem wir darin viel mit Komplementärfarben arbeiten. Wenn sich jemand eine typische Yang-Farbe wie zum Beispiel Gelb ausgesucht hat, dann kann das auch bedeuten, dass er eigentlich die komplementäre Yin-Farbe Violett benötigt. Beide Farben sind unterschiedliche Aspekte eines Ganzen. Yang entspricht dem männlichen

Prinzip, dem u.a. die Attribute: Helligkeit, Sommer, Tag, Wärme, Härte, Energie oder Aktivität zugeordnet sind. Die passenden als weiblich bezeichneten Yin-Attribute sind dann: Dunkelheit, Winter, Nacht, Nachgiebigkeit oder Weichheit, Ruhe und Passivität. Jeder Mensch trägt unabhängig von seinem Geschlecht, beide Prinzipien in sich. Manche Menschen sind mehr Yang-, andere eher Yin-orientiert. Es kommt nicht selten vor, dass wir vollständig entgegen unserer eigentlichen Natur leben, meist weil wir meinen, im Raster der äußeren Welt gefangen zu sein. Häufig leben wir den ganzen Tag lang in Aktivität, hetzen zwischen Beruf, Familie und Freizeit hin und her. Wenn wir mal etwas Zeit für uns haben könnten, nutzen wir sie nicht wirklich zur Entspannung, sondern lassen uns auch dann noch durch äußere Reize wie Fernsehen oder Verabredungen vereinnahmen. Aura-Soma kann uns wieder daran erinnern, dass es zwei Pole der Polarität gibt und dass beide zu ihrem Recht kommen wollen.

Die feinstoffliche Anatomie nach Aura-Soma

Das Aura-Soma-Farb-Pflege-System ist eine Methode zur Selbsterkenntnis und Selbstverwirklichung und besitzt ebenfalls einen engen Bezug zum menschlichen Chakrasystem und zu unseren feinstofflichen Körpern. Die Lehre von der feinstofflichen Anatomie macht zugleich deutlich, dass wir Seelenwesen sind, die sich für ihre menschlichen Erfahrungen in einem geeigneten Körper inkarniert haben.

Die feinstoffliche Anatomie bietet uns eine anschauliche Darstellung darüber, wie der Mensch durch das Zusammenspiel verschiedener Bewusstseinsebenen zu seiner größten Entfaltung gelangen kann, wie seine Gaben und Talente, die Potenziale seiner Persönlichkeit und seiner Seele wachsen, erblühen und reifen können.

Zusätzlich zu den sieben Chakren (s. Seite 39), geht Aura-Soma von einigen weiteren Zentren im menschlichen Wesen aus. Dies sind der Erdstern, der Inkarnationsstern, der Seelenstern, das Ananda Khanda, ein wichtiger Bereich rechts neben und etwas oberhalb von dem energetischen Herzen und der Smaragd des Herzens, ein Ikosidodekaeder (Körper mit 32 Flächen). Zusammen mit unseren sieben Hauptenergiezentren und den mit ihnen in Verbindung stehenden Auraschichten bestimmen sie die Ausrichtung und den Zustand unseres menschlichen Bewusstseins. Durch die vom Anwender selbst gewählten Farben, die in Form von unterschiedlichen Substanzen (Körperölen und Duftsubstanzen zum Schutz, zur Reinigung und zur Stärkung der Aura) auftreten, wird die Entwicklung hin zur Bestimmung des Individuums angeregt und gefördert. Die selbstbestimmte

Farbwahl ist dabei ein entscheidender Gesichtspunkt, denn Aura-Soma geht davon aus, dass wir in unserem Inneren genau die Schwingung unserer Wesensaspekte kennen. Diese individuelle Schwingung findet ihre Entsprechung in den Farben, die wir wählen.

Die fünf zusätzlichen Elemente aus der feinstofflichen Anatomie stehen ihrerseits mit bestimmten Farben in Verbindung. Der Erdstern befindet sich unterhalb der Füße und ist, wie das Chakra, das unsere Grundbedürfnisse repräsentiert, rot. Der Erdstern enthält Vorprogrammierungen über unser Schicksal auf der Erde, z. B. wo wir leben werden und welche Orte wir besuchen werden.

Der Inkarnationsstern befindet sich zwei Finger breit oberhalb des Bauchnabels und zwei Finger breit innerhalb des menschlichen Wesens im goldenen Bereich, zwischen Sakralchakra und Solarplexus. Die Mischung der Sekundärfarbe Orange und der Primärfarbe Gelb ergibt die Tertiärfarbe Gold. Hier liegt die „wahre Aura", der Bereich, in dem die Weisheit über uns selbst verborgen liegt und auf ihre Erweckung wartet. Hier vereinigten sich bei der Empfängnis die genetischen Eigenschaften unserer beiden Elternteile mit dem Bewusstsein, das durch die Farbexplosion der Vereinigung von Vater und Mutter angezogen wurde. Die Erinnerungen an das Karma und Dharma der Wesen, die wir einmal waren und die wir noch sein werden, liegt hier hinter einem Schleier des Vergessens verborgen. Unsere Lebensaufgabe ist es, diesen Schleier zu lüften.

Der Seelenstern entspricht dem achten Chakra und befindet sich oberhalb des Kopfes, eine Handbreit außerhalb des physischen Körpers. Er wird mit der Farbe Magenta assoziiert und enthält alle Informationen über frühere und kommende Leben, unabhängig davon, ob sie auf der Erde oder sonstwo im Universum stattgefunden haben bzw. stattfinden werden. Er schafft den Zugang zur Akasha-Chronik.

Wenn die Energie durch das Ananda Khanda, das türkisfarbene Zentrum der Glückseligkeit, das rechts und etwas oberhalb von unserem energetischen Herzen liegt, fließt, wird unser Individuationsprozess vorangetrieben. Nach Carl Gustav Jung verhilft dieser Individuationsprozess uns dazu, uns mit dem kollektiven Bewusstsein zu verbinden und Mitschöpfer zu werden an allem, was ist.

Der Smaragd des Herzens erscheint in einer Mischform zweier platonischer Körper, des Ikosaeders und des Dodekaeders hin zum Ikosidodekaeder. Er ist mit der Farbe Grün assoziiert und entspricht dem Gitternetz der Erde.

Der Vorgang, der zur Vervollkommnung des Menschen führt, läuft nach dieser Auffassung folgendermaßen ab: Die rote Energie steigt vom Erdenstern auf zum Inkarnationsstern. Dadurch wird sie durchlichtet, und das Rot wird zu Rosa. Durch diesen Impuls im Inkarnationsstern wird die Energie aus dem Seelenstern angeregt, den Individuationsprozess in Gang zu setzen. Sie fließt zum Ananda Khanda, weiter zum Smaragd des Herzens und schließlich in den Inkarnationsstern hinein.

So ist der Mensch über den Erdstern auf seinem Heimatplaneten, der Erde, verwurzelt, mit seiner Bestimmung durch die Vererbung der elterlichen Anlagen und den Bedürfnissen der Seele im Inkarnationsstern verbunden und angebunden an den für ihn vorgesehenen kosmischen Plan, der im Seelenstern hinterlegt ist. Nun kann er sein größtes Potenzial in seinem Leben entfalten.

Ich erinnere mich an NeuLand

Ich bin hier

Ich bin hier, um befreit zu sein.
Befreit von den Masken der Angst und den Fesseln des Mangels.
Ich bin hier, um befreit zu sein.
Befreit für die Liebe, für die Freude, die Stille, die Dankbarkeit. Jetzt!
Ich bin hier, um befreit zu sein, dem Großen Geist zu dienen,
der das Leben umarmt und in eine neue Dimension liebt.
Entscheide dich! MenschSein im Licht der Ewigkeit
Dieser Große Geist hat ein Wort und einen Namen.
Das Wort und der Name lauten: ***FRIEDEN***
(Karl Gamper)

Immer wieder habe ich in diesem Buch Karl Gamper zitiert, den Mann, der ebenso wie seine Frau, Jwala Gamper wegweisende Ideen in die Welt gebracht hat. Ich wurde zu einem Zeitpunkt auf die beiden aufmerksam, als das NeuLand-Programm gerade frisch geboren war, im Frühjahr 2014. Während ich die Ankündigung zu diesem Fernkurs auf meinem Computerbildschirm durchlas, wurde ich geradezu magisch von den Zeilen angezogen. Unmittelbar danach stand der Entschluss, daran teilzunehmen, dann auch schon fest. Umgehend erhielt ich die Anmeldebestätigung, und schon war der Einstieg zur NeuLänderin vollzogen.

Es geht bei diesem Fernlehrgang darum, sich innerhalb von 21 Phasen vom ErdenMenschen zum SeelenMenschen zu entwickeln. Diese 21 Phasen entsprechen einem natürlichen Rhythmus, den vier Phasen, die der Mond zwischen Neumond und Neumond in 28 Tagen durchläuft. Die erste Phase beginnt bei Neumond und dauert bis zum halben, zunehmenden Mond etwa sieben Tage lang, die zweite schließt sich an und dauert bis Vollmond, so dass die ersten vier Phasen zum nächsten Neumond abgeschlossen sind. Inhaltlich sind die 21 Phasen in drei Abschnitte mit jeweils sieben Phasen unterteilt, die als Stufen bezeichnet werden. Diese befassen sich mit den Themenbereichen Heilung, Transformation und Manifestation.

Die Kursteilnehmer bekommen die Unterlagen pünktlich ein bis zwei Tage vor dem jeweiligen Beginn einer Phase per Post zugesandt und haben dann etwa sieben Tage Zeit für die Bearbeitung und Verinnerlichung des Gelernten und Erfahrenen. Diese bauen kontinuierlich aufeinander auf. Jedes Phasenpaket besteht aus einem etwa zehnseitigen Text über ein bestimmtes Thema und einer zugehörigen CD. Während der Text die intelektuellen Hintergründe vermittelt und Übungen zur Vertiefung des Geschriebenen enthält, spricht die CD die tieferen Schichten unseres Seins an. Dies geschieht durch eine Kombination aus Klängen, die sich aus Solfeggio-Frequenzen und Kompositionen eines zeitgenössischen Musikers zusammensetzen, und Kurztexten, die im Wechsel von Jwala und Karl Gamper gesprochen werden. Im Unterschied zu den Skripttexten geht es hier nicht um intellektuelles Verständnis. Die Texte sind eher bruchstückhaft, bestehen aus kurzen Sätzen oder Satzteilen. Sie werden unmittelbar vom Unterbewusstsein erfasst und dringen tief in unseren Urgrund ein. Die unterlegte Musik erhöht unsere Schwingung, so wie Solfeggio-Frequenzen es nachweislich tun.

Nach dem Studium der ersten Phasen erschien mir alles, was ich bis dahin gelernt und erfahren hatte, wie eine Vorbereitung auf diesen Fernkurs. Unmittelbar erkannte ich dessen tiefe Wahrheiten. Mir wurde bewusst, dass das meiste, das ich bisher auf meinem spirituellen Weg gelesen und erlebt hatte, von der Ebene ausging, wie die Welt bis heute gewesen sei und was sich daran in Zukunft ändern müsse oder solle, damit wir uns als einzelne Menschen und als Menschheit weiterentwickeln könnten. Der Ausgangspunkt der Betrachtung ist also immer die Vergangenheit oder allenfalls die Gegenwart als deren Fortsetzung. Unser Ziel, das wir anvisieren, liegt von einer linearen Zeitachse ausgehend in der Zukunft.

Der NeuLand-Kurs unterscheidet sich radikal von dieser Auffassung. Vielmehr stellt er Ziele oder Wünsche in den *„Raum der Möglichkeiten“* und projiziert sie und uns damit in die Zukunft. Von dort aus blicken wir zurück, erinnern uns an die heutige Gegenwart, die von dort aus betrachtet, die Vergangenheit ist. Diese Sichtweise erlaubt uns zu *„Meistern der Zeit“* zu mutieren, Zeit gemeint als die vierte Dimensionsebene, nicht als linear verlaufende Achse. Wir erheben uns also selbst in eine höhere Ebene hinein und schwingen dadurch schneller und höher. Dies stellt einen genialen Schachzug dar, und „sei genial“ ist auch die Aufforderung an die Kursteilnehmer. Damit ist nicht gemeint, dass wir ein neuer Beethoven oder Einstein werden müssten (wogegen natürlich auch nichts einzuwenden wäre), sondern gemeint ist, dass wir uns an unser höchstes Potenzial andocken, damit dieses sich völlig entfalten kann. Durch das Einnehmen eines Standpunkts in der Zukunft manifestieren wir unser Sanskalpa.

> *Wir sind die, auf die wir gewartet haben.*
>
> (Ältestenrat der Hopi)

Auch wenn wir uns das nur schwer vorstellen können, passiert in Wahrheit alles gleichzeitig und unser lineares Zeitverständnis ist nichts anderes als Illusion. Es hilft uns bei der Orientierung in unserem Alltag. Genau dafür wurde es von uns Menschen erschaffen. Unsere Beschäftigung mit NeuLand hilft uns, diese Struktur in Bezug auf unsere Visionen aufzuheben. So können wir über uns selbst hinauswachsen und Wunder geschehen. Wenn wir dann noch unsere *„inneren Helfer“* zur Unterstützung herbeirufen, öffnen sich ungeahnte Möglichkeiten. Es geschehen Synchronizitäten und Fügungen. Das ist die Sprache, in der die Seele zu uns spricht. Wenn wir ihr lauschen, so sind wir zum SeelenMenschen geworden.

Anhang

Persönliches

Geborgenheit

Manchmal fühle ich mich so allein, einsam
abgeschnitten von Dir, von Euch, dem Rest der Welt.

Warum nur bin ich hier?
Ich spüre, ich gehöre nicht dazu
nicht zu Euch Feinden, Fremden, Freunden, Familie…
Ihr behandelt mich freundlich,
Doch Ihr nehmt mich nicht auf in Eurer Mitte.
Ich bin anders!
Will ich wirklich so sein wie Ihr?

Es nagt an mir, ich bin traurig
bin doch ein Mensch, ein soziales Wesen.
Und doch, ich bin so gern für mich!
Habe ich es selbst so gewählt?

Eine starke Schulter,
eine liebevolle Umarmung,
ein zärtlicher Blick,
wie sehr ich das vermisse!
Und doch: macht es mich wirklich glücklich?

Ich trinke, schreie, weine, meditiere und besinne mich …

Und plötzlich weiß ich: ICH BIN ALLES,
ich trage das Licht in mir
es gibt kein DU und kein ICH, keine Trennung.
ich bin / wir sind Eins mit der Schöpfung
Eins mit der Quelle, mit Gott
mit Allem was war, was ist und was sein wird.

Ich bin geborgen,
geborgen in MIR, in DIR, in ALLEM.

Einige Jahrzehnte führte ich ein angepasstes, unauffälliges Leben. Ich wuchs als Kind einer alleinerziehenden Mutter auf, die sich redlich um mein Wohlergehen bemühte, mir persönlichen Halt gab und mir Schulbesuch, Ausbildung und Studium ermöglichte. Ich wuchs ohne religiöse Ausrichtung und allzu strenge Richtlinien auf und hätte mich eigentlich frei entfalten können. Auf der anderen Seite gab es aber auch wenig Orientierung, wenig intellektuelle Anregung, und so verbrachte ich meine Jugend vor dem Fernseher und las ab und zu ein Buch, oder ging in die Disco. Letzteres tat ich eher, weil es alle taten. Wirklich gern habe ich es nie getan, fühlte mich immer falsch, fehl am Platz. Die Schule absolvierte ich ohne große Erfolgserlebnisse, mehr schlecht als recht, aber auch ohne größere Schwierigkeiten. Meine Kindheits- und Jugendjahre waren nicht dazu angetan, mein tiefes Bedürfnis nach Verstanden-Werden, Anerkennung und bedingungsloser Annahme und Liebe wirklich zu befriedigen. Ich fühlte mich fremd in der Welt, anders, gehörte irgendwie nicht dazu. Um dies nicht zu sehr als Schwäche erscheinen zu lassen, entwickelte ich eine Art „Überheblichkeit“, so als ob ich von mir aus absichtlich nicht mit den anderen zu sehr verbunden sein wollte, doch gleichzeitig litt ich darunter. So meinten die Gleichaltrigen, ich hielte mich für etwas Besseres. Und irgendwie hatten sie damit auch Recht.

Mit siebzehn Jahren lernte ich meinen Freund und späteren Mann kennen, der mir Gelegenheit gab, mein reichhaltiges Gefühlsleben in Gang zu halten. Von Anfang an erforderte die Beziehung den Umgang mit Höhen und Tiefen, räumlicher Trennung, Verlustängsten und großer, tiefempfundener Liebe. Bei ihm fühlte ich mich geborgen und merkte nicht mehr, dass mir das Wesentliche, die Anbindung an etwas Höheres, eine Bestimmung, fehlte.

Es war Zeit, die Bande zu meiner Mutter zu lockern, und so ging ich zum Studium in eine andere Stadt. Es waren schöne Jahre, ich beschäftigte mich mit Inhalten, die mich interessierten und hatte im Rückhalt die vermeintliche Gewissheit geliebt zu werden. Irgendwann, nach Beendigung unserer Studien, drängte es meinen Freund und mich zum Aufbau einer gemeinsamen Zukunft, wir heirateten und verbrachten einige glückliche gemeinsame Jahre. Nach der Geburt unseres ersten Sohnes begann sich langsam wieder das Gefühl von innerer Leere breit zu machen. Obwohl mich der Alltag mit Beruf und Erziehung des Kindes und später der Kinder forderte, begann ich mehr und mehr zu spüren, dass mir etwas fehlte. Dieser Zustand hielt über viele Jahre an. Er änderte sich erst, als mein Mann, dem es vermutlich ähnlich ergangen war, den entscheidenden Schritt tat und mich und unsere Familie verließ.

Natürlich war das ein schmerzhafter Prozess, als ich merkte, dass es zwischen uns, die sich doch einmal so sehr geliebt hatten, nicht mehr stimmte. Ich habe geweint, getrunken, getobt, gelitten – mich als Opfer eines über mich hereinbrechenden Unheils gesehen.

Doch eines Tages habe ich begonnen, die Trennung als Chance zu erkennen, als Chance für mich, neue Wege zu gehen. An dieser Stelle traten meine inneren Helfer auf den Plan. Sie begannen mich zu führen, vielmehr: Ich öffnete mich und nahm wahr, dass sie mich schon immer geführt hatten. Endlich! Wie lange hatte ich mich dem verschlossen! Ab jetzt vollzog sich meine spirituelle Entwicklung Schlag auf Schlag. Ich folgte den Hinweisen, fand schnell zu dem, was mich begeisterte, wofür ich brannte, machte eine Ausbildung zum Aura-Soma-Colour-Care-Practitioner, schaute hier und dort und ließ keine Gelegenheit aus, mich innerlich weiterzuentwickeln. Es drängte mich zu genau den Büchern, Seminaren und Wegbegleitern, die meiner Entwicklung in der jeweiligen Phase gerade am meisten dienlich waren.

Und zum ersten Mal in meinem Leben war ich wirklich glücklich. Ich spürte, ich bin nicht verloren, nicht allein. Nein, ich bin beschützt und behütet, aufgehoben in einer wunderbaren großartigen Ordnung. Meine einzige Aufgabe ist es, es zuzulassen, meiner Wahrnehmung zu trauen und mich vertrauensvoll hinzugeben. Im Äußeren begann ich mein Leben umzustellen. Beispielsweise verzichtete ich auf den Konsum von Medien und den Erwerb von überflüssiger Kleidung. Ich beschloss, fortan vegetarisch zu leben, meine Haare nicht mehr zu färben. Sollte doch jeder die Schönheit meiner nach außen strebenden Weisheit sehen! Meine Umgebung nahm es meist gelassen, ja ich erntete sogar hier und da ein Kompliment. Einzig mein pubertierender Sohn fand meinen neuen Lebensstil vollkommen unakzeptabel, hielt mich für nicht mehr vorzeigbar und, gelinde gesagt, ziemlich abgehoben. Aber er war alt genug, um es zu verkraften. Und auch er würde es irgendwann akzeptieren.

Nach und nach konzentrierte ich mich immer mehr auf mein neues Leben, so dass Beruf und Haushalt, auch meine Rollen als Mutter und Tochter zur Nebensache wurden. Ich spürte eine zunehmende Entschiedenheit in meinen Schritten, die mich immer tiefer zu mir selbst führen sollten. Aus heutiger Sicht kann ich sagen, dass neben der Literatur, die ich geradezu verschlang, das Aura-Soma-Farbsystem und ein Fernkurs von Momanda, namens „Die Vision von NeuLand“, mir am meisten Orientierung und Richtung auf meinem Weg gegeben haben und bis heute geben. Immer tiefer begann ich mich zu erkennen und erahnte mehr und mehr meine Bestimmung.

Vor einiger Zeit ließ ich mir von einer Künstlerin mein persönliches Engelssiegel erstellen und erhielt auch gleich das passende Mantra mitgeliefert:

Ich bin ein Kind des Lichts
Ich bin ein Kind der Liebe
Die Kraft der Entscheidung ist mir geschenkt
Und ich schenke sie weiter
So will ich mich stellen
In den Strom des Lichts und der Liebe
Und verkünden ihre Botschaft
Dass wir geliebte Kinder sind
Aufgefordert, uns zu entscheiden

(Mantra empfangen durch Ines Siri Trost, Engelbeauftragte, freischaffende Künstlerin und Lehrerin; *www.atelier-2.net*, *www.inestrost.de*)

Siri empfing es direkt von meinem Schutzengel. Es sei eine ungewöhnlich mächtige und klare Ansage gewesen, beteuerte sie. Ich spürte sofort die Resonanz in mir, ließ das Siegel in einem seiner Bedeutung und Schönheit angemessenen Goldrahmen fachmännisch einfassen und hängte es an eine mir wichtige Stelle der Räumlichkeiten meines Hauses. Das Mantra verinnerlichte ich tief und machte es nach und nach bewusst zu meinem Lebensmotto. Bis zu diesem Zeitpunkt war ich auf der Suche gewesen, auf der Suche nach meiner Bestimmung und meiner Lebensaufgabe. Jetzt spürte ich, das war die Lösung! Das Mantra brachte meine Lebensaufgabe, um die ich zuvor herumgeschlichen war, wie die Katze um den heißen Brei, auf den Punkt. Seitdem sehe ich es als Auftrag an, in der Welt zu wirken.

Jeden Tag bewege ich die Botschaft des Mantras in meinem Herzen und bitte um zusätzliche Unterstützung bei der Frage nach dem konkreten Weg der Umsetzung. Meine inneren Helfer gewähren sie mir immer und immer wieder. Je mehr ich mich ihren Botschaften öffne, umso klarer und unmissverständlicher empfange ich sie.

Allen voran, ist es St. Germain, der mich von Anfang an treu auf meinem Weg begleitet hat. Seine Meisterenergie gab mir die Kraft zur inneren Transformation, die dem äußeren Wandel vorausging. Zeit meines bisherigen Lebens war ich eher unauffällig gewesen, hatte brav befolgt, was für die verschiedenen Rollen meines Lebens von mir erwartet wurde. Lange spielte ich die Tochter, die Schülerin, die Geliebte, die Ehefrau, die Mutter, die Freundin, die Kollegin, … und was es noch alles gegeben haben mag. Dieses Leben hatte mich niemals wirklich erfüllt, niemals in der Tiefe meines Seins zur Freude geführt. Nun aber bekam ich eine neue Rolle, die eigentliche Rolle meines Lebens: Ich sollte mein Licht unter dem Scheffel hervorholen. Ich sollte mein Bedürfnis, mich im Hintergrund zu halten, überwinden, und ich sollte als Katalysator für die Welt dienen.

Oh! Welcher Zufall, wie ich es wohl früher genannt hätte, welche Synchronizität, wie ich es heute nenne! Genau das war die Bibelstelle, die mein Mann und ich uns vor vielen Jahren anlässlich unserer Hochzeit ausgesucht hatten:

> *Ihr seid das Licht der Welt. Es kann die Stadt, die auf einem Berge liegt, nicht verborgen sein. Man zündet auch nicht ein Licht an und setzt es unter einen Scheffel, sondern auf einen Leuchter; so leuchtet es allen, die im Hause sind. So lasst euer Licht leuchten vor den Leuten, damit sie eure guten Werke sehen und euren Vater im Himmel preisen.* (Mt 5, 14-16)

Lange Zeit hatte ich nicht wirklich etwas mit diesem Ausspruch anfangen können. Unsere Ehe erwies sich nicht als geeignetes Forum, das Motto in die Realität umzusetzen. Erst nach unserer Trennung trieb es mich wirklich voran, gewann ich tiefe Einsichten in das Leben und Energie und Mut zur Umsetzung, zum Wirken in der Welt. Wie seltsam doch manchmal die Wege des Schicksals sind! Es hat lange gedauert, aber heute habe ich mich meinen inneren Helfern und ihrer Unterstützung, die sie mir schenken, geöffnet. Ich verstehe ihre Hinweise und befolge sie. Und ich bin unendlich dankbar dafür! Neben St. Germain sind es drei weitere Energien, die ich vor allem zu meiner Unterstützung herbeirief. Dabei geht es um die „Ermöglichung", um die „Formgebung" und um die „Umsetzung" meiner Projekte in die Welt hinein.

Das Entscheidende für mich aber ist die Botschaft des Mantras. Heute setze ich sie bei jeder Gelegenheit um, die sich mir bietet, im alltäglichen Kontakt zu anderen Menschen, im Umgang mit dem wunderbaren Farbsystem von Aura-Soma, bei Vorträgen gegenüber einer größeren Öffentlichkeit und schließlich mit diesem Buch. Ich habe versucht, die Boten aufzuzeigen, die uns zu einem neuen Verständnis unserer Selbst, einem „neuen Wir", führen können und ich wünsche mir, dass möglichst viele Menschen diesen Boten folgen mögen und sich dazu entscheiden, „dabei zu sein".

Angekommen

Angekommen – zu Haus
dort, im inneren Raum
dort, wo Angst und Scheitern unbekannt sind
es kein Tun und kein Lassen gibt – nur Sein.
Meine Seele,
Du bist jetzt Meisterin meines Lebens
Du bestimmst jetzt, was gut und was richtig ist
Jenseits der Normen von Menschen
Du erahnst, erfühlst, weißt,
was ansteht und gibst mir ein Zeichen
So gewinne ich Gewissheit
über mein Wirken als Mensch
wann gilt es loszulassen?
wann weiter zu gehen auf dem Weg?
wann ist der richtige Zeitpunkt?
In welche Richtung drängt mich das Leben?
Jetzt, endlich, bin ich bereit zu lauschen
auf die Botschaft von innen
auf die Zeichen der Zeit
Manchmal kann ich ihn spüren, den ewigen Geist
der friedlich über den Wassern schwebt –
so wie damals als alles begann
Dann werde ich still
will verweilen, nur sein
und spüre – hier bin ich zu Haus

Danksagungen

Herzlich danken möchte ich jenen beiden wichtigen Menschen in meinem Leben, die ich darum bat, dieses Buch mit einigen einleitenden Worten zu schmücken, Iris Rebilas und Karl Gamper. Ohne zu zögern haben sie diese Aufgabe angenommen und schenken dem Projekt damit ihre wertvolle Unterstützung. Darüber freue ich mich sehr. Beide Personen haben meinen spirituellen Weg entscheidend geprägt und tun es bis heute.

Iris Rebilas versteht die Sprache der Farben wie keine andere und sie deutet sie in einzigartiger Weise für die Seelen, die diese gewählt haben. Es war Vicky Wall, die Gründerin des Aura-Soma® Farbsystems, die den Wunsch äußerte, dass Iris die Geschicke des Farbsystems für Deutschland leiten solle. Sie ist diesem Wunsch nachgekommen und hat Camelot, die Generalvertretung für Deutschland mit Sitz in Heiligenhaus gegründet. Vicky hatte auf die Begegnung mit Iris gewartet. Nur wenige Monate danach verließ sie diese Welt.

Karl Gamper hat mit seinem Fernlehrgang die „Vision von NeuLand“ den Nerv der Zeit getroffen. Persönlich durfte ich Zeugin werden von der tiefempfundenen Aufbruchstimmung der Gefährten, die sich an einem Oktoberwochenende im Jahre 2014 um ihn und seine Frau Jwala im Seminarraum eines Bayerischen Hotels versammelt hatten. Ja, wir sind NeuLänder! Wir wagen die Reise ins Unbekannte und helfen damit, das neue Land für uns zu entdecken und für die Welt zu gestalten.

Karl und Iris – ich danke euch für alles, was ich bei euch und durch euch lernen durfte.

Danken möchte ich auch meiner lieben Mutter, Maria-Luise Seyer, eigentlich für alles, was sie im Laufe ihres Lebens für mich getan hat. Nicht zuletzt für ihre liebevolle Begleitung auch auf meinem spirituellen Weg. Vieles, was mich bewegt, mag ihr fremd und ungewohnt erscheinen, doch immer hat sie mich wohlwollend unterstützt. Bezogen auf die Gestaltung dieses Buches hat sie mir einige ihrer kleinen Kunstwerke zur Verfügung gestellt, die sie mit ihren heute 85 Jahren nach wie vor kreativ hervorbringt. Nun zieren sie die Seiten mit den Hauptkapitelüberschriften dieses Buches und streben zusammen mit dessen Botschaften in die Welt hinaus. Das Umschlagbild gestaltete sie speziell für dieses Buch, wissend, dass Schmetterlinge Symbole für Transformation darstellen und ahnend, dass sie mit den gewählten Farben den Seelenplan ihrer Tochter berührte – der neue Bote, Türkis über Violett. Danke, Mutti!

Vielen lieben Dank auch an Brigitte Heinz, jene Grafikerin, die diesem Buchprojekt durch ihre unkompliziert zupackende Art und einfühlsame Gestaltungskunst zu einem schnellen Abschluss verhalf.

Last not least bedanke ich mich bei meinen geistigen Helfern, die den Anstoß für dieses Buch gaben, das Sie, liebe Leserinnen und Leser nun in Händen halten. Sie wollten, dass es in die Welt kommt und ließen so manchen Gedanken in mir Gestalt annehmen. In der Zeit des Werdens gab es keine Nacht, in der ich das bereit gelegte Papier nicht für Notizen genutzt hätte.

So sollte es sein und so ist es.

*

Personenverzeichnis

Alexander, Dr. Eben | geboren 1953 in Charlotte, North Carolina in USA, ein renommierter Neurochirurg und Autor des Buches: Proof of Heaven (Deutsch: Blick in die Ewigkeit), in dem er über seine eigenen Nahtoderlebnisse berichtet.

Amstrong, Neil Alden | (1930-2012), amerikanischer Testpilot und Astronaut. Es soll am 21. Juli 1969 als erster Mensch den Mond betreten haben.

Augustinus, Bischof von Hippo | (354-430), war einer der vier lateinischen Kirchenlehrer der Spätantike und ein bedeutender Philosoph an der Schwelle zur Neuzeit.

Babaji | Der Avatar (Manifestation Gottes) erschien 1970 auf der Erde und wirkte bis zu seinem Tod 1984 in Indien.

Blanck, Erhard | Geboren 1942, deutscher Heilpraktiker, Schriftsteller und Maler

Aristoteles | (384-322), einer der einflussreichsten griechischen Philosophen. Er war Schüler von Platon, doch hat Aristoteles zahlreiche Disziplinen entweder selbst begründet oder maßgeblich beeinflusst, darunter Wissenschaftstheorie, Logik, Biologie, Physik, Ethik, Staatstheorie und Dichtungstheorie. Aus seinem Gedankengut entwickelte sich der Aristotelismus.

Booth, Mike | Führt in der Nachfolge von Vicky Wall das Aura-Soma®-Farb-Pflege-System seit den 90iger Jahren des zwanzigsten Jahrhunderts fort und entwickelt es weiter.

Brahe, Tycho | (1546-1601), wirkte als Astronom zunächst in Dänemark, später in Rostock und Prag. Er erreichte eine bis dahin ungekannte Genauigkeit bei der Sternörterbestimmung und stellte einen Katalog mit 1000 Fixsternen auf.

Buddha | Siddhartha Gautama lebte zunächst als Prinz in Indien vor etwa 2.500 Jahren. Er wandte sich vom weltlichen Leben ab und erfuhr später Erleuchtung. Buddha ist ein Ehrentitel und bedeutet „der Erwachte“.

Cleaver, Eldridge | (1935-1998), US-amerikanischer Schriftsteller

Dalai Lama | 1935 geborenes Oberhaupt der Buddhistischen Lehre, der sich seit 1959 im Tibetischen Exil befindet. Dennoch ist er ein anerkannter Weltenlehrer und Gesprächspartner öffentlicher Persönlichkeiten.

Darwin, Charles Robert | (1809-1882), ein englischer Naturforscher, dessen Theorie von der Evolution des Lebens, basierend auf zufälliger Mutation und Selektion, die Biologie und auch die Geisteswissenschaften seiner Zeit revolutionierte. Sein Hauptwerk: Über den Ursprung der Arten durch natürliche Auslese erschien im Jahr 1859.

Descartes, René | (1596-1650), ein französischer Philosoph und Naturwissenschaftler. Nach dem Besuch einer Jesuitenschule, reiste er durch Europa und ließ sich schließlich in Holland nieder, wo viele seiner wissenschaftlichen Werke entstanden. Er gilt als Hauptvertreter des Rationalismus.

Einstein, Albert | (1879-1955), ursprünglich deutscher, später in den USA arbeitender Physiker. Er begründete mit seiner allgemeinen und speziellen Relativitätstheorie und dem Postulieren des vierdimensionalen Raum-Zeit-Kontinuums eine neue Sichtweise der damaligen Physik.

Emoto, Dr. Masaru | (1943-2014), ein japanischer Parawissenschaftler und Alternativmediziner. Er führte Experimente mit Wasser durch, deren Ergebnisse darauf hinweisen, dass Wasser die Einflüsse von Gedanken und Gefühlen aufnehmen und speichern kann.

Freud, Siegmund | (1856-1939), österreichischer Arzt und Psychologe und Begründer der theoretischen und praktischen Psychoanalyse.

Galilei, Galileo | (1564-1642), italienischer Physiker und Astronom, der zahlreiche bahnbrechende naturwissenschaftliche Beobachtungen machte. Seine Vorstellung vom heliozentrischen Weltbild brachte ihn in Konflikt mit der christlichen Kirche und er musste seine Auffassung vor der Inquisition widerrufen.

Gamper, Jwala | Künstlerin, die sogenannte „Signs“ entwirft, Sinnsprüche in schön gestalteter Kalligraphie. Zusammen mit Karl Gamper bespricht sie die neuroSIGNS©, begleitende CDs zu dem Fernlehrgang „Die Vision von NeuLand“.

Gamper, Karl | „Studierter Ökonom und ein moderner Mystiker. Seit Jahrzehnten beschäftigt ihn die Frage: Was braucht es, damit sich Leben in seiner schönsten Form entwickeln kann? Als Quintessenz seiner Forschungen entstand der Fernlehrgang „Die Vision von NeuLand“ und Bücher, die wegweisend den Geist und die Haltung einer Neuen Zeit erfahrbar machen.“ (aus: „die Inneren Helfer“ www.Gamper.com

Ghandi, Mahatma | (1869-1948), indischer Politiker, der im Zusammenhang mit der englischen Besetzung Indiens den gewaltlosen Widerstand und zivilen Ungehorsam gegenüber der damaligen Kolonialmacht Groß Britannien propagierte. Er wurde mehrfach inhaftiert und 1948 angeblich von einem fanatischen Hindu erschossen.

Goethe, Johann Wolfgang von | (1749-1832), deutscher Dichter, der auch als Advocat, Naturforscher und öffentliche Persönlichkeit in Erscheinung trat. Neben seinen herausragenden Dichtungen, die von tiefer Weisheit geprägt sind, entwickelte er auch naturwissenschaftliche Theorien. Bemerkenswert ist unter anderem seine vielbeachtete Farbenlehre.

Griscom, Chris | Geboren 1942, amerikanische Heilerin und Autorin

Herrigel, Eugen | (1894-1955), deutscher Philosoph und Autor

Jesus Christus | (Beginn unserer Zeitrechnung), ist nach dem Neuen Testament der von Gott zur Erlösung aller Menschen gesandte Messias und Sohn Gottes. Nach außerchristlicher Auffassung war er ein bedeutender Meister und Menschheitslehrer.

Jung, Carl Gustav | (1875-1961), Schweizer Psychoanalytiker, der den Begriff des „Kollektiven Unbewussten“ postulierte. Er schrieb Märchen, Mythen, Symbolen und Träumen eine maßgebliche Bedeutung zu.

Kaiser, Karina | Geboren 1958, ursprünglich deutsche, jetzt in Australien lebende Coach

Kepler, Johannes | (1571-1630), deutscher Astronom, der unter anderem als Nachfolger Brahes als kaiserlicher Hofastronom tätig war. Ihm werden zahlreiche Erkenntnisse über die exakten Planetenbewegungen zugeschrieben.

Kierkegaart, Sören | (1813-1855), dänischer Theologe, Schriftsteller und Philosoph. Unter dem Einfluss persönlicher Krisen gewann er Einfluss auf die dialektische Theologie und die Existenzphilosophie.

Sawaki, Kodo | (1880-1965), japanischer Zen-Meister

Kornfield, Jack | Geboren 1945, US-amerikanischer Lehrer für die buddhistische Vipassana-Meditation in der Tradition des frühbuddhistischen Theravada.

Korzeniewski, Bernard | (1905-1992), Polnischer Naturwissenschaftler

Kübler-Ross, Elisabeth | (1926-2004), eine ursprünglich schweizerische Psychiaterin, die viele Jahre bis zu ihrem Tod in den USA verbrachte. Sie befasste sich mit dem Tod und dem Umgang mit Sterbenden, mit Trauer und Nahtoderfahrungen. Sie gilt als Begründerin der Sterbeforschung.

Loewi, Otto | (1873-1961), ein deutsch/österreichisch-amerikanischer Pharmakologe. Zusammen mit Henry H. Dale erhielt er 1936 den Nobelpreis für Medizin, für die Entdeckung bei der chemischen Übertragung der Nervenimpulse.

Maria Magdalena | (Beginn unserer Zeitrechnung), Sie wird im Neuen Testament als Begleiterin Jesu und Zeugin seiner Auferstehung erwähnt. Inzwischen wurde ein zusätzliches Evangelium gefunden, das ihr zugeschrieben wird. Jenseits der offiziellen christlichen Lehre wird sie als Frau Jesu gesehen, die seine Lehren nach dem Ende seines Wirkens in Teilen Europas verbreitete. Besonders in Frankreich sind ihr viele Kirchen und Kathedralen geweiht.

Melchizedek, Drunvalo | Amerikanischer Autor und spiritueller Lehrer, der zahlreiche Bücher u. a. über die Heilige Geometrie veröffentlicht hat.

Mendelejew, Dmitri Iwanowitsch | (1834-1907), russischer Chemiker, der vor allem durch die Erarbeitung einer Systematik der chemischen Elemente, die heute als das Periodensystem oder das Periodische System der Elemente (PSE) bekannt wurde.

Mohammed | (570-632), gilt im Islam als Prophet und Gottesgesandter, dem mit dem Koran das Wort Gottes (Allahs) offenbart wurde. Er wird von seinen Anhängern als Religionsstifter des Islam verehrt.

Moorjani, Anita | Indisch stämmige Autorin aus Hong Kong. In ihrem Buch „Heilung im Licht“ berichtet sie über ihre Nahtoderfahrung und ihre Spontanheilung vom Krebs.

Gracián y Morales, Balthasar | (1601-1658), spanischer Schriftsteller, Hochschullehrer und Jesuit. Er verfasste höfisch-politische Traktate im barocken Stil. Wegen seiner aufklärerischen Weltsicht erhielt der Moraltheologe Publikumsverbot.

Morgenstern, Christian | (1871-1914), ein deutscher Dichter, Schriftsteller und Übersetzer, der vor allem durch seine komische Lyrik bekannt wurde.

Mutwa, Credo | Geboren 1921 im Bereich des heutigen Distrikts Zululand der Provinz KwaZulu-Natal, Südafrika, ein Sangoma (Medizinmann) der Zulu. Nach bewegter Kindheit, wurde er zum Schamanen und Heiler initiiert und hat bis heute mehrere Bücher veröffentlicht.

Newton, Isaak | (1642-1727), ein englischer Philosoph und Naturwissenschaftler. Mit seiner Beschreibung der universellen Gravitation und der Bewegungsgesetze legte er den Grundstein für die klassische Mechanik.

Paracelsus | (1493-1541), ein schweizer Arzt, Alchemist, Astrologe, Mystiker, Laientheologe und Philosoph. Er erzielte legendäre Heilungserfolge, die ihm die Kritik der etablierten Mediziner und Apotheker einbrachte.

Patanjali | (vermutlich zwischen dem 2. Jahrhundert vor und dem 4. Jahrhundert nach Chr.), indischer Gelehrter und Verfasser des Yogasutra, des klassischen Leitfadens des Yoga.

Philippi, Viktor | Geboren 1952, deutscher Mediziner, der den Begriff „Bioenergetische Meditation“ geprägt hat

Planck, Max | (1858-1947), ein deutscher Physiker auf dem Gebiet der theoretischen Physik. Er gilt als Begründer der Quantenphysik. Für die Entdeckung des planckschen Wirkungsquantums erhielt er 1919 den Nobelpreis für Physik.

Platon | (428/427 v. Chr.-348/347 v. Chr.), ein antiker griechischer Philosoph. Als Schüler des Sokrates schildert er dessen Denken und Methode in vielen seiner Werke. In vielen Disziplinen setzte er Maßstäbe, so in der Metaphysik, der Erkenntnistheorie, der

Ethik, der Anthropologie, der Staatstheorie, der Kosmologie und der Kunst- und Sprachphilosophie.

Prigogine, Ilya | (1917-2003), ein russisch-belgischer Physikochemiker, Philosoph und Nobelpreisträger. Seine Arbeiten über Dissipative Strukturen, Selbstorganisation und Irreversibilität haben einen nachhaltigen Einfluss ausgeübt.

Rebilas, Iris | Aura-Soma Lehrerin, Referentin und Seminarleiterin. Sie selbst beschreibt ihre Leidenschaft für Aura-Soma auf der homepage www2.aurasoma.de «Die Erforschung des Aura-Soma Farb-Licht-Systems bereitet mir immer wieder von neuem Freude, und meine eigenen Entdeckungen teile ich gerne mit den Teilnehmern aller meiner Seminare im In- und Ausland. Als Abbild der Kreativität und Weisheit der Schöpfung ist und bleibt Aura-Soma für mich ein unendliches, sich kontinuierlich erweiterndes Forschungsgebiet.» Neben ihrer unterrichtenden Tätigkeit leitet Iris Rebilas seit 1993 die Generalvertretung für den Vertrieb der Aura-Soma Produkte in Deutschland, die Camelot, Colour & Light GmbH mit Sitz in Heiligenhaus. Damit kommt sie einem persönlichen Wunsch von Vicky Wall, der Gründerin von Aura-Soma, nach, die sie im Jahr 1990, ein Jahr vor Vicky's Tod, persönlich kennen gelernt hat.

Risi, Armin | Geboren 1962 in Luzern, ein Schweizer Dichter, Kenner der Vedischen Schriften und Autor von spirituellen Büchern.

Rumi, Dschalal ad-Din Muhammad | (1207-1273), ein persischer Mystiker und ein bedeutender Dichter des Mittelalters. Von seinen Derwischen (Angehörigen der muslimischen asketisch-religiösen Ordensgemeinschaft der Sufi) und späteren Anhängern wird er Maulana genannt.

Schweitzer, Albert | (1875-1965), ein deutsch-französischer Arzt, evangelischer Theologe, Organist, Philosoph und Pazifist. Er gründete ein Krankenhaus in Zentralafrika. 1953 bekam er den Freidensnobelpreis.

Sokrates | (469-399 v. Chr.), ein griechischer Philosoph, der im Athen zur Zeit der Attischen Demokratie lebte und wirkte. Er entwickelte die philosophische Methode eines strukturierten Dialogs, die er Mäeutik nannte. Er selbst hinterließ keine schriftlichen Werke. Sein Leben wurde hauptsächlich durch die Schriften seiner Schüler Platon und Xenophon überliefert.

Theresa von Avila | (1515-1582), eine spanische Karmelitin und Mystikerin, die in der katholischen Kirche als Heilige und Kirchenlehrerin verehrt wird.

Tolle, Eckard | Geboren 1948 in Lünen, ein ursprünglich deutscher, heute in Kanada lebender spiritueller Lehrer und Bestsellerautor spiritueller Bücher.

Vogt, Michael | Geboren 1953 in Kassel, ein deutscher Journalist und Dokumentarfilmer. Heute wirkt er als Moderator bei Alpenparlament.tv mit.

Wall, Vicky | (1918-1991), eine erblindete, jedoch hellsichtige Engländerin, die im Jahr 1983 das Aura-Soma®-Farb-Pflege-System in die Welt brachte.

Wilbert, Dr. Jürgen | Geboren 1945 in Düsseldorf, ein deutscher Aphoristiker

Wilde, Oscar | (1854-1900), ein irischer Schriftsteller

Williams, Tennessee | (1911-1983), ein amerikanischer Schriftsteller

Williamson, Marianne | Geboren 1952, eine amerikanische Schriftstellerin spiritueller Bücher

Glossar

Aesculapstab | Von Medizinern benutztes Symbol der Heilung, zwei Schlangen, die sich um einen Stab herum nach oben winden und sich am oberen Ende des Stabs die Köpfe entgegen drehen

Akasha Chronik | Die universelle Bibliothek in der das gesamte Wissen abgelegt ist und theoretisch für jedermann zugänglich ist.

Allah | Muslimischer Name Gottes

Ananda Khanda | Zwischenchakra rechts oberhalb des Herzens

Aura-Soma® | Ganzheitliches Farb-Pflege-System, das 1983 mit Hilfe der geistigen Welt von Vicky Wall geschaffen wurde.

Bhagavad Gita | Eine zentrale Schrift des indischen Hinduismus, die vermutlich im zwischen dem fünften und dem zweiten vorchristlichen Jahrhundert auf Grundlage der älteren Veden entstand

Bhurloka | Ein Sanskrit-Begriff, der die Erdebene bezeichnet. Das Konzept der sieben Ebenen oder Lokas geht auf die Veden, alte indische Schriften zurück.

Black Goo | Ein angeblich intelligentes Öl aus dem Inneren der Erde. In letzter Zeit hat es vermehrt über den Naturforscher Harald Kautz-Vella von sich Reden gemacht.

Brahma | Der Name eines der Hauptgötter im Hinduismus. Er stellt das Prinzip der Schöpfung dar. Zusammen mit Vishnu (Bewahrung) und Shiva (Zerstörung) bildet Brahma die Trimurti.

Chakra | Nach hinduistischer Vorstellung feinstoffliche Energiezentren. Die wörtliche Übersetzung des Sanskritwortes bedeutet „Rad“

Devas | Nach hinduistischer und buddhistischer Auffassung sind dies Halbgötter oder überirdische Wesen, die ebenfalls dem Kreislauf der Wiedergeburten unterliegen.

Dharma | Ein Sanskritwort, das religiöse Ethik und Moral bis hin zu Recht und Sitte, sowie religiöse Verpflichtungen bezeichnet.

Dodekaeder | Einer der Platonischen Körper, der mit dem Element Äther in Verbindung gebracht wird. Er weist 12 fünfeckige Flächen, 20 Ecken und 30 gleich lange Kanten auf, von denen jede die Seite von zwei Fünfecken ist.

Elementale | Flüchtige Naturwesen

Elohim | Lichtwesen

Empirismus | Ein Begriff aus der Erkenntnistheorie. Er bezeichnet die Auffassung, dass Wissen zunächst oder ausschließlich auf Sinneserfahrung beruht. Vor allem seit der frühen Neuzeit führt der Empirismus Erkenntnis auf Beobachtung und Experiment zurück.

Esoterik | Bedeutet im Griechischen „dem inneren Bereich zugehörig. Nach ursprünglicher Bedeutung eine philosophische Lehre, die nur für einen begrenzten „inneren" Personenkreis zugänglich ist. Der Begriff Exoterik bezeichnet im Gegensatz dazu das allgemein zugängliche Wissen.

Fibonacci Folge | Eine unendliche Folge von Zahlen, bei der die Summe zweier benachbarter Zahlen die unmittelbar folgende Zahl ergibt: 1, 1, 2, 3, 5, 8, 13, ... Benannt wurde die Zahlenfolge nach Leonardo Fibonacci, der sie im Jahr 1202 publik machte. Jedoch war sie bereits im alten Indien und antiken Griechenland bekannt.

Fracking | Eine Methode, die vor allem zur Erdöl und Erdgasförderung eingesetzt wird und unter Umweltschützern höchst umstritten ist.

Geoengeneering | Bezeichnet vorsätzliche und großräumige Eingriffe mit technischen Mitteln in geochemische oder biogeochemische Kreisläufe der Erde. In den letzten Jahren sind vor allem die sogenannten „Chemtrails" in den Fokus der Öffentlichkeit geraten, das von Flugzeugen durchgeführte Versprühen chemischer Substanzen, das angeblich zur Klimabeeinflussung eingesetzt wird.

Gesetz der Wenigen | Der aus dem Englischen stammende Begriff tipping point (Umkehrpunkt), ist der Moment, an dem eine vorher gradlinige und eindeutige Entwicklung durch bestimmte Rückkopplungen abrupt abbricht, die Richtung ändert und stark beschleunigt wird (qualitativer Umschlagpunkt). Dazu bedarf es nur weniger Individuen, die ihre Energie gemeinschaftlich in eine bestimmte Richtung lenken.

Goldener Schnitt | Das Teilungsverhältnis einer Strecke oder anderen Größe, bei dem das Verhältnis des Ganzen zu seinem größeren Teil dem Verhältnis des größeren zum kleineren Teil entspricht.

Häresie | Die Bezeichnung für eine Lehre, die im Widerspruch zur Lehre einer christlichen Kirche oder anderen vorherrschenden Auffassung steht und beansprucht, selbst die Wahrheit richtiger zum Ausdruck zu bringen. Z.B. wurden kritische Christen im Mittelalter von der Inquisition der Häresie bezichtigt.

Hatha-Yoga | Eine Ausprägung des Yoga, bei der das Gleichgewicht zwischen Körper und Geist vor allem durch körperliche Übungen, Atemübungen und Meditation angestrebt wird.

Human | Im Lateinischen wird der Begriff für „menschlich" verwendet, im Sanskrit jedoch bedeutet er „Lichtwesen."

Indigos | Kinder, denen ganz besondere psychische und spirituelle Eigenschaften und Fähigkeiten zugeschrieben werden. Erstmals wurde der Begriff 1982 von Nancy Ann Tapps in ihrem Buch „Understanding Your Life Through Color" erwähnt. Indigo-Kinder sollen eine Indigoblaue Aura haben.

Ikosaeder | Einer der Platonischen Körper, der mit dem Element Wasser in Verbindung steht. Er besteht aus 20 gleichseitigen Dreiecken, 12 Ecken und 30 Kanten.

I-Ging | Das altchinesische Buch der Wandlungen. Es soll älter als 3.000 Jahre sein und diente ursprünglich vor allem Orakelzwecken.

Ikosidodekaeder | Eine Kreuzung aus Ikosaeder und Dodekaeder. Der Körper soll dem Gitternetz der Erde entsprechen. Laut der Aura-Soma® Lehre entspricht seine Form dem „Smaragd des Herzens".

Individuationsprozess | Ein von dem Psychotherapeuten Carl Gustav Jung geprägter Begriff, der die Verwirklichung des Individuums meint

Infrarotfrequenzen | Bezeichnet den ältesten chinesischen Text, eine Sammlung von durchgezogenen und unterbrochenen Strichzeichnungen und zugeordneten Sprüchen. Das „Buch der Wandlungen" bewegt sich zwischen den beiden Polaritäten „Das Schöpferische" (sechs durchgezogene Linien=das Yang-Prinzip) und „Das Empfangende" (sechs unterbrochene Linien=Yin-Prinzip)

Inkarnation | Verkörperung, Fleischwerdung

Innere Helfer | Ein von Karl Gamper geprägter Begriff. Es werden damit die Kräfte bezeichnet, die uns bei der Verwirklichung unserer Wünsche und Ziele unterstützen

Involution | Aus dem Geist kommende Materialisierung

Kabbalah | Ursprünglich Jüdische, heute jedoch auch religionsunabhängige Geheimlehre über die Struktur des Universums. Ein wesentliches Symbol stellt der Kabbalistische Lebensbaum dar.

Kali Yuga | Das dunkle Zeitalter, in dem wir seit etwa 5.000 Jahren leben und das nun zu Ende gehen soll.

Kalpa Taru | Ein Zwischenchakra zwischen Solarplexus und Herz. Seine Farbe ist ein transparentes Grün

Karma | Das Prinzip von Ursache und Wirkung

Kleines Ich, kleiner Wille | Das Ego, die irdische Persönlichkeit

Kristallkinder | Besondere Kinder der neuen Generation, die ausgesprochen sensitiv und medial begabt sein sollen. Von der herkömmlichen Medizin und Psychologie werden sie häufig falsch eingestuft und mit dem Etikett ADHS=Aufmerksamkeitsdefizit-Hyperaktivitäts-Störung versehen.

Kritische Masse | Ursprünglich stammt der Begriff aus der Kernphysik und bezeichnet die für eine Kettenreaktion nötige Mindestmasse spaltbarer Stoffe. Im übertragenen Sinn wird es auch auf die Anzahl von Menschen bezogen, die für eine grundsätzliche Veränderung im Verhalten der Menschheit als Ganzem erforderlich ist.

Kundalini | Nach der Lehre des Yoga auch die sexuelle Urkraft. Sie wird als zusammengerollte Schlange im Lendenbereich dargestellt, die sich beim geistigen Erwachen des Menschen langsam aufrichtet.

Katalysator | Hier: Menschen, die in spiritueller Hinsicht eine Verteilerfunktion übernommen haben.

Limbisches System | Die Hirnregion des Mittelhirns. Sie ist für unsere Intuition zuständig

Mamographie | Röntgenaufnahme der weiblichen Brust

Maya | Nach hinduistischer Auffassung: Illusion

Mutation | Nach der Evolutionstheorie wird damit eine dauerhafte und zufällig entstandene Veränderung des Erbgutes bezeichnet.

Mutter Gaia | Name der Erde, wenn sie als Lebewesen aufgefasst wird

Nasa | National Aeronautics and Space Administration | Diese zivile US-Bundesbehörde für Raumfahrt und Flugwissenschaft mit Hauptsitz in Washington wurde 1958 gegründet.

NeuLand | Ein Fernlehrgang von Karl Gamper, in dem wir in 21 Phasen lernen, vom ErdenMenschen zum SeelenMenschen zu werden.

NeuroSigns | Begleitende CD zum NeuLand-Kurs, die von Jwala und Karl Gamper besprochen ist und Solfeggio Klänge enthält

Nirwana | Das Nichts, die Leere, die nach Buddhistischer Lehre angestrebt wird.

Pandemie | Eine Epidemie, die große Landstriche erfasst hat oder gar weltweit ausgebrochen ist.

Radikal | Von der Wurzel ausgehend, überaus gründlich

Rationalismus | Vor allem von René Descartes postulierte Lehre, die die Welt ausschließlich über den menschlichen Verstand zu erklären und zu verstehen versucht.

Regenbogenkinder | In Nachfolge der Indigos und Kristall-Kinder neue Generation von Kindern mit einer alle Farben des Regenbogens beinhaltende Aura.

Reverse Speech | Rückwärts abgespielte Rede. Ein Verfahren, das von Karina Kaiser herangezogen wird, um Erkenntnisse über die Stimme des Unbewussten und der Seele zu erlangen

Saint Germain | Name eines aufgestiegenen Meisters, der u.a. als Graf Saint Germain im 17. Jahrhundert verkörpert gewesen sein soll.

Samsara | Das ewige Rad der Wiederkehr, Wiedergeburt

Sanskalpa | Der Auftrag, den wir in der Welt zu erledigen haben, der Grund, weshalb wir hier sind.

Seelenstern | Nach dem Aura-Soma® Farb-Pflege-System das achte Chakra, das sich oberhalb des Kopfes befindet und mit der Farbe Magenta assoziiert wird.

Selektion (= Auswahl) | Hier: Ein Begriff aus der Evolutionstheorie

Solfeggio Frequenzen | Bestimmte auf sechs Tönen beruhende Klangmuster. Sie gehen ursprünglich auf Aristoteles zurück, waren dann etwa 1.000 Jahre verschollen. Nach Ihrer Wiederentdeckung durch einen italienischen Mönch wurden sie Bestandteil der Gregorianischen Gesänge. Diese wurden vom damaligen Papst verboten, da dieser ihre bewusstseinserweiternde Wirkung erkannte. Nach weiteren 1.000 Jahren im Verborgenen wurden sie in jüngster Zeit wiederentdeckt. Diesen Klängen werden DNS-heilende Wirkungen nachgesagt.

Stimulus | Eine physikalische oder chemische Größe der inneren Umgebung oder äußeren Umwelt, die durch veränderten Energiebetrag auf ein lebendes System einwirkt.

Sutra | Das Sanskrit-Wort bezeichnet einen kurzen, durch seine Versform einprägsamen Lehrtext indischen Schrifttums.

Synchronizität | Der Psychologe Carl Gustav Jung bezeichnete damit zeitlich korrelierende Ereignisse, die nicht über eine Kausalbeziehung verknüpft sind, jedoch als miteinander verbunden, aufeinander bezogen wahrgenommen und gedeutet werden.

Talmud | Eines der bedeutendsten Schriftwerke des Judentums. Im Hebräischen bedeutet der Begriff „Belehrung" oder „Studium".

Tantra | Im Sanskrit bedeutet Tantra „Gewebe, Kontinuum, Zusammenhang". Es handelt sich um eine Strömung innerhalb der indischen Philosophie und Religion, denern Ursprünge auf das zweite Jahrhundert zurückgehen.

Tarot | Symbolträchtiges Kartenspiel mit 78 Karten. Die Ursprünge des Tarot werden im alten Ägypten oder Atlantis vermutet.

Telekinese | Bewegung oder Ortsveränderung von Gegenständen mittels Geisteskraft.

Telepathie | Eien Form der außersinnlichen Wahrnehmung, bei der Informationen, Gedanken oder Gefühle von einer Person auf eine andere übertragen werden.

Theismus | Der Theismus begreift Gott als Schöpfer der Welt, der sie auch erhält und lenkend in sie eingreift. Er beansprucht jedoch nicht den Gott im Sinne einer bestimmten Lehre oder Religion als den einzig wahren.

Tora | Bedeutet im Hebräischen „Gebot“ oder „Weisung“.

Thot | Ägyptischer Gott der Weisheit

Upanischaden | Eine Sammlung philosophischer Schriften des Hinduismus und Bestandteil der Veda.

Veden | Jahrtausende alte Schriften indischen Ursprungs, die in der heiligen Sprache Sanskrit verfasst wurden

Vishnu | Gottheit aus den vedischen Schriften

WHO | Weltgesundheitsorganisation

Yang | Nach altchinesischer Philosophie das männliche Prinzip

Yin | Nach altchinesischer Philosophie das weibliche Prinzip

Yong | Nach Karl Gamper die Vereinigung des männlichen und des weiblichen Prinzips, die dritte ausgleichende Kraft

Verwendete und weiterführende Literatur

Aura-Soma

Booth, Mike: Das Aura-Soma Handbuch. 6. Aufl., Aquamarin, Grafing 2014

Booth, Mike; McKnight, Carol: Das Aura-Soma Buch. Farben für die Seele. Ausg. nach Vereinbarung mit Healing Arts Press, a division of Inner Traditions International, Rochester, VT, 05767 USA, 2012

Dalichow, Irene; Booth, Mike: Aura-Soma. Heilung durch Farbe, Pflanzen und Edelsteinenergie. TRIAS, Stuttgart 2010

Rebilas, Iris; Booth, Mike: Aura-Soma Duftessenzen und Raumsprays. Pomander, Quintessenzen und ArchAngeloi – Düfte und Farben für Harmonie und Wohlbefinden, 2. Aufl., Hans Nietsch, Freiburg i. Br. 2007

Wall, Vicky: Aura-Soma. Das Wunder der Farbheilung und die Geschichte eines Lebens. Erg. u. kom. Neuaufl., Hans Nietsch, Freiburg i. Br. 2006

www.aurasoma.de

NeuLand

Gamper, Karl: Die inneren Helfer. Mit den Kräften des Kosmos zu einem erfüllten Leben. 1. Aufl., Koha, Burgrain 2014

Gamper, Karl: Erfolg ist menschlich. Geschichten, die die Wirtschaft schreibt. Strahlende Beispiele. 1. Aufl., Edition SIGN AG, 2009

Gamper, Jwala und Karl: Karawane der Freude. Wie aus Enge Weite wird. 2. Aufl. Edition SIGN AG, 2013

Gamper, Karl: Die Visison von NeuLand. Sei realistisch. Erwarte Wunder! Dein Quantensprung in 21 Phasen. Fernlehrgang. Momanda, Rosenheim 2012

www.neuland.vision

www.momanda.de

Wissenschaftliches

Broers, Dieter: (R)Evolution 2012. Warum die Menschheit vor einem Evolutionssprung steht, 6. Aufl., Scorpio, Berlin 2011

Broers, Dieter: Gedanken erschaffen Realität. Die Gesetze des Bewusstseins, 2. Aufl., Trinity, Berlin 2010

Hüther, Gerald: Was wir sind und was wir sein könnten. Ein neurobiologischer Mutmacher. S. Fischer, Frankfurt 2011

Lipton, Bruce H.: Intelligente Zellen. Wie Erfahrungen unsere Gene steuern. 9. Aufl., Koha, Burgrain 2010

Martin, Bruno: Intelligente Evolution. Ullstein, Berlin 2007

Morpheus: Transformation der Erde. Interkosmische Einflüsse auf das Bewusstsein. 2. Aufl., Trinity, Berlin 2010

Geisteswissenschaftliches und Spirituelles

Besant, Annie: Der Mensch und seine Körper. 1. Aufl., Aquamarin, Grafing 2011

Jäger, Willigis: Das Leben endet nie. Über das Ankommen im Jetzt. 5. Aufl., Herder, Freiburg i. Br. 2014

Lichtenstein, Demian; Aziz, Shajen Joy: Die Gabe. Entdecke deine Bestimmung und lebe sie. Scorpio, Berlin 2011

Newhouse, Flower A.; Isaac, Stephen: Die 7 Körper des Menschen. 3. Aufl., Aquamarin, Grafing 2008

Sogyal Rinpoche: Das Tibetische Buch vom Leben und vom Sterben. Ein Schlüssel zum tieferen Verständnis von Leben und Tod. Deutsche Taschenbuchausg. MensSana bei Knaur, München 2010

Risi, Armin: Der radikale Mittelweg. Überwindung von Atheismus und Monotheismus. Das Buch zum aktuellen Paradigmenwechsel. 1. Aufl., Kopp, Rottenburg 2009

Risi, Armin: Der multidimensionale Kosmos. Band 1 bis 3

Band 1: Gott und die Götter. Das vedische Weltbild revolutioniert die moderne Wissenschaft, Esoterik und Theologie. 5. Aufl., Govinda, Zürich

Band 2: Unsichtbare Welten. Astrale und außerirdische Wesen im Hintergrund des Weltgeschehens. 4. Aufl., Govinda, Zürich

Band 3: Machtwechsel auf der Erde. Die Pläne der Mächtigen, globale Entscheidungen und die Wendezeit. 7. Aufl., Taschenbuchausg, Wilhelm Heyne, München 2012

Risi, Armin: „Ihr seid Lichtwesen". Ursprung und Geschichte des Menschen. 2. Aufl., Govinda, Zürich 2014

Risi, Armin: Evolution. Stammt der Mensch von den Tieren ab? 1. Aufl., Govinda, Zürich 2014

Risi, Armin: Ganzheitliche Spiritualität. Der Schlüssel zur neuen Zeit. 1. Aufl., Govinda, Zürich 2011

Die Smaragdtafeln von Toth dem Atlanter. Eines der ältesten und geheimsten der großen Werke. Aus der Ursprache übertragen und interpretiert von Doreal. 3. Aufl., Koha, Burgrain 2011

Tolle, Eckhart: Jetzt! Die Kraft der Gegenwart. 1. Aufl. der Sonderausg., J. Kamphausen, Bielefeld 2010

Williamson, Marianne: Rückkehr zur Liebe. Harmonie, Lebenssinn und Glück durch „Ein Kurs in Wundern". 17. Aufl. Deutsche Taschenbuchausg., Goldmann, München 2005

Heilung

Bind-Klinger, Anita: Aura-Soma und Homöopathie. Neue Ansätze und Wege in der Schwingungsmedizin. Aquamarin, Grafing 2003

Govinda, Kalashatra: Chakra-Praxisbuch. Spirituelle Übungen für Gesundheit, Harmonie und innere Kraft. Südwest, München 2011

Besant, Annie: Der Mensch und seine Körper. Aquamarin Verlag, Grafing, 1. Aufl. 2011

Kabat-Zinn, Jon: Gesund durch Meditation. Das große Buch der Selbstheilung. Knaur-Taschenbuch, München 2011

Alexander, Eben: Blick in die Ewigkeit. Die faszinierende Nahtoderfahrung eines Neurochirurgen. Ansata, München 2013

Moorjani, Anita: Heilung im Licht. Wie ich durch eine Nahtoderfahrung den Krebs besiegte und neu geboren wurde. Arkana, München 2012

Sonnenschmidt, Rosina: Exkarnation. Der große Wandel. Sterben und Tod im Lichte der Medialität, Homöopathie, Farb- und Baumenergien. 3. Aufl., Homöopathie + Symbol Martin Bomhardt, Berlin 2012

Verwendete Quellen aus dem Internet:

http://www.wikipedia.de

http://www.religion-online.info/islam/themen/info-tod.html

http://www.juedische-allgemeine.de/article/view/id/17808

http://www.jenseits-welten.de/jenseitsvorstellungen

http://www.spektrum.de/quiz/welchem-dieser-naturwissenschaftler-kam-der-entscheidende-geistesblitz-nicht-im-traum/1120939

http://www.puramaryam.de/gesetzhermes.html